中国地质大学（北京）珠宝

普通高等教育规划教材

教育部教研教改项目规划

U0261641

有机宝石

Organic Gem Materials

李耿 著

化学工业出版社

·北京·

《有机宝石》不但涵盖了养殖珍珠、琥珀、珊瑚、象牙等常见的有机宝石品种，更囊括了近年来在国内外市场上热度不断增加的天然珍珠，以及稀少的"鹤顶红"和犀牛角等品种。对每类品种，详细介绍了其历史和文化、宝石学特征、成因、分类、鉴定、质量评价、优化处理和保养等知识。

本书可作高等教育宝石学、宝石鉴定与加工技术、设计学等专业学生的教材，也可供宝石生产、加工、鉴定和商贸人员以及宝石爱好者参考阅读。

图书在版编目（CIP）数据

有机宝石/李耿著. —北京：化学工业出版社，2018.12（2023.1重印）
普通高等教育规划教材 教育部教研教改项目规划教材
ISBN 978-7-122-33600-2

Ⅰ.①有… Ⅱ.①李… Ⅲ.①宝石-高等学校-教材 Ⅳ.①P578

中国版本图书馆CIP数据核字（2018）第297210号

责任编辑：窦 臻 林 媛　　　　　　　　　文字编辑：陈 雨
责任校对：王素芹　　　　　　　　　　　　装帧设计：关 飞

出版发行：化学工业出版社（北京市东城区青年湖南街13号　邮政编码100011）
印　　装：北京瑞禾彩色印刷有限公司
787mm×1092mm　1/16　印张19¼　字数488千字　2023年1月北京第1版第3次印刷

购书咨询：010-64518888　　售后服务：010-64518899
网　　址：http://www.cip.com.cn
凡购买本书，如有缺损质量问题，本社销售中心负责调换。

定　　价：89.00元

前 言

　　笔者自2001年起开始研究珍珠等有机宝石，硕士和博士论文都以珍珠为主题进行研究。笔者曾在德国美因茨大学进行有机宝石研究；多年来在瑞士古柏林宝石实验室以及泰国国际宝石和首饰学术年会等国内外学术会议上做过多场关于珍珠的中英文学术研究报告。2007年笔者就想在硕士、博士论文的基础上撰写一本关于有机宝石方面的教材，希望能够将国内外有机宝石的市场、实验室检测与笔者本人多年来的科研、市场研究等相结合，奉献给莘莘学子、同业人士和广大读者。都说"十年磨一剑"，这本书自准备到成稿，已是11年有余。

　　为了教材能更详尽地展示有机宝石的特征，笔者曾多次专程赴浙江诸暨、江苏渭塘、广西北海和广东湛江等地的淡水珍珠与海水珍珠养殖场、加工工厂和交易市场，云南腾冲的琥珀原石和成品市场，台湾南方澳渔港、台北的玉市和"故宫博物院"，缅甸的宝石市场和佛寺，泰国的宝石、贝壳等博物馆和宝石市场，美国纽约大都会博物馆，华盛顿的自然历史博物馆、艺术博物馆，图森的野生动物博物馆等，以及国内外的宝石和化石展，收集一手资料和拍摄典型的样品照片。书中图片除了个别由同行提供外，其他均由笔者选取典型特征样品拍摄，图片不求唯美，但求唯真，尽量真实、准确地传达宝石的特征和第一手信息。

　　本书力求做到图文并茂，通俗与学术相结合。由于书中部分内容涉及养殖场、加工厂等企业的技术机密和一些未公开的资料，笔者希望能在不涉及这些需要保密的信息的基础上，尽可能多地将各个方面呈现给读者。然而想同时做到这两点，确实很困难。其中的度很难把握，比如珍珠的养殖、优化处理工艺、琥珀的优化处理等，很多文字和图片是写了删、删了又加，非常煎熬。

　　本书不但适合本科生学习，也适合宝石专业研究生、实验室检测人员等作为工具书，特别是现代大型仪器的测试与分析、优化处理工艺以及鉴定等内容；同时也尽可能做到"看图说话"，以适合没有基础的初学者轻松学习。初学者和普通从业人员可略过现代大型仪器的测试和分析部分进行阅读与学习。

　　此外需要特别注意的是部分有机宝石品种，如象牙、犀牛角、"鹤顶红"、龟甲和珊瑚等，其贸易受到《华盛顿公约》（即《濒危野生动植物种国际贸易公约》）等的严格限制或被禁止，在部分国家和地区携带、经营这些有机宝石品种将会受到法律的制裁。本书中，这些有机宝石品种的图片拍摄都是在各国的博物馆、大学、鉴定实验室等研究机构以及取得捕捞和经营牌照的公司中完成的。

　　一本教材的完成总是和很多人的关心与帮助是分不开的。德国宝石协会（German Gemmological Association）实验室的Fabian Schmitz博士慷慨无私地提供了珊瑚的部分拉曼光谱原始测试数据；广州国土检测实验室的王铎博士提供了很多实验室及市场的信息，以及部分琥珀的图片；台北市伊犁宝石鉴定所的罗淑萌所长提供了她珍藏多年的样品供笔者拍照，并提供了各种便利；瑞士SSEF实验室远东首席代表杜雨洁女士等专门安排并陪同笔者一起去我国台湾南方澳渔港，收集珊瑚打捞和贸易的第一手资料；台北市的史羽弘先生提供了蓝珀的样品供笔者拍照，并提供了多米尼加蓝珀矿区的部分图片；南方澳景星珊瑚公司提供了珊瑚实物供拍照，并提供了珊瑚加工的部分图片；中国珠宝玉石首饰行业协会的王芳女士多年来提供了很多的帮助。此外，特别感谢中国地质大学（北京）珠宝学院的郭颖老师从教材立项到出版一直以来所给予的帮助和支持！还有很多宝石业内人士提供了帮助，受篇幅所限，无法一一列出，在此一并表示感谢。

　　由于笔者水平、精力有限，书中难免存在疏漏和不足之处，敬请读者批评指正！

李　耿

2018年8月

有机宝石

目 录

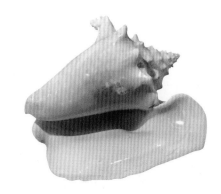

2　无珍珠层的"珍珠" / 127

3 珊瑚 / 141

4 象牙 / 183

5 琥珀 / 201

绪　论

　　宝石，也称珠宝玉石，一般指由自然界产出，具有美观、耐久、稀少和可接受性，具有工艺价值，可加工成装饰品的矿物、岩石和有机材料。在宝石学上，可将宝石分为单晶宝石、玉石和有机宝石，见图0-0-1。

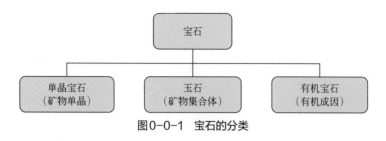

图0-0-1　宝石的分类

0.1　有机宝石的特点

　　顾名思义，有机宝石即为有机成因的宝石。有机宝石与无机成因的单晶宝石和玉石的主要区别在于有机宝石与动物、植物的活动有关，服从于生物学和生物矿化规律。

　　有机宝石主要的宝石品种有珍珠、珊瑚、象牙等牙类、琥珀、贝壳、煤精、玳瑁、角类等。目前，虽然部分有机宝石可通过人工干预形成过程，进行养殖，如养殖珍珠和贝壳等，但是在实验室并无法合成这些有机宝石。

　　有机宝石最重要的鉴定特征一般与其成因密切相关，如珍珠的同心环状生长结构、珊瑚的同心放射状生长结构、贝壳的层状生长结构、象牙的同心环状生长结构、琥珀的流淌纹等。

　　大部分有机宝石首饰需要注意养护。有机宝石一般具有硬度较低、韧度高等特点，摩氏硬度一般为2.5～4。避免与金属等剐蹭，避免与其他无机宝石、玉石相互摩擦。多数有机宝石由有机质和无机质两部分组成。无机质主要是碳酸盐和磷酸盐。碳酸盐易受酸侵蚀，从而破坏有机宝石。万一遇酸，立即用清水冲洗，用软布吸干，在阴凉处阴干。有机质易受乙醇、乙醚、丙酮等有机溶剂侵蚀，因此应避免与指甲油、洗涤剂和化妆品等接触，也应避免接触汗液等。部分有机宝石因含少量水，会因失水而变色、失去光泽，因此应避免暴晒、防止持续恒温烘烤。

　　有机宝石的用途广泛。除可用作首饰和装饰等用途外，部分有机宝石还具有药用价值，如珍珠等。在古代，犀牛角和琥珀等都曾被用作名贵的药材。

　　需要特别注意的是部分有机宝石贸易受到《华盛顿公约》（即《濒危野生动植物种国际贸易公约》，the Convention on International Trade in Endangered Species of Wild Fauna and Flora, CITES）等的严格限制，在国际间是受到限制或被禁止的，如象牙、珊瑚、犀牛角、"鹤顶红"和龟甲等；在部分国家和地区携带和经营这些有机宝石品种，可能会受到法律制裁。

0.2　有机宝石的分类

　　有机宝石可按其成因和成分进行分类。

0.2.1　成因分类

有机宝石按成因可分为生物活体产出和生物化石，见图0-2-1。

图0-2-1　有机宝石的成因分类

部分有机宝石产自生物活体，如珍珠和贝壳都产自淡水或海水双贝类、腹足类等贝类软体动物；玳瑁来自海龟；象牙、象骨等骨类、"鹤顶红"等鸟头胄和犀牛角等都来自陆生动物。珊瑚的分类略有争议，有观点认为珊瑚是珊瑚虫化石，但由于海洋中活体珊瑚枝可不断继续生长，且为了与硅化珊瑚化石相区别，因此本书把珊瑚分在活体部分。生物活体产出的常见有机宝石见图0-2-2。

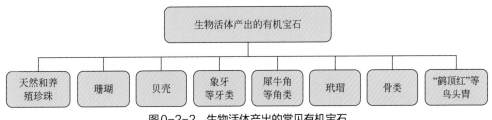

图0-2-2　生物活体产出的常见有机宝石

化石指存留在古代地层中的古生物遗体、遗物或遗迹。化石类的有机宝石主要包括琥珀、煤精、彩斑菊石、猛犸象牙等牙类化石、硅化木和珊瑚化石等。见图0-2-3。

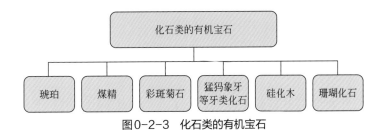

图0-2-3　化石类的有机宝石

0.2.2　成分分类

部分有机宝石由无机质和有机质两部分组成。无机质主要是碳酸盐、磷酸盐、二氧化硅和水，有机质主要是壳角蛋白等。这部分有机宝石主要包括珍珠、钙质珊瑚、牙类、骨类和硅化或钙化的化石类，见图0-2-4。

硅化的化石，如珊瑚化石等，由于在形成时受二氧化硅热液的侵蚀，因此有机质的部分可能保存下来的极少，甚至可能被完全破坏。

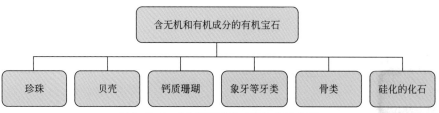

图0-2-4 含无机和有机成分的有机宝石

部分有机宝石的成分主要为有机质，主要为壳角蛋白、酯酸类、酯醇类等，如琥珀、煤精、角质珊瑚、玳瑁、犀牛角等角类和"鹤顶红"等鸟头胄等，见图0-2-5。

图0-2-5 有机成分为主的有机宝石

1

珍 珠

珍珠的英文为pearl，来自法语perle，最初来自拉丁语perna，意思是翡翠贻贝，一种羊腿形状的贝类。珍珠在波斯语中，原意为"大海之骄子"。

珍珠在国际珠宝界有"宝石皇后"的美誉，是最古老也是最重要的有机宝石品种，也是唯一不需要切割、打磨、抛光就可以直接佩戴的宝石品种。

本章的珍珠指由双壳纲（bivalves）软体动物中的海水贝（saltwater oysters）和淡水蚌（freshwater mussels）中形成的、具有珍珠光泽的分泌物。双壳类最明显的特征是有左右两个壳，壳间由一条韧带连接起来。它们的鳃通常呈瓣状，所以又被称为"瓣鳃类"。双壳类软体动物的壳以及绝大部分的珍珠是由软体动物体中外套膜（mantle）分泌形成的。

1.1 应用历史和文化

世界珍珠史一般可分作两个阶段：其一是19世纪之前长达数千年的采撷天然珍珠的阶段，其二是御木本幸吉起始的现代养珠史阶段。

关于天然珍珠，明末清初的学者屈大均所著的《广东新语》中有"西珠不如东珠，东珠不如南珠"的说法，因此本书中的天然珍珠也沿用"南珠""东珠""西珠"这样的俗称。

以广西合浦、海南岛、北部湾海域所产的天然海水珍珠为代表，史称南珠；以东北的松花江、牡丹江、嫩江等地的天然淡水珍珠为代表，史称北珠，后又称东珠；关于西珠，一说"出欧洲西洋者"为西珠，也有认为是国外的珍珠都称为"西珠"。见图1-1-1。

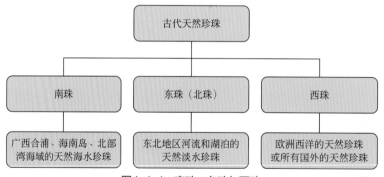

图1-1-1 南珠、东珠与西珠

1.1.1 南珠

南珠为天然海水珍珠。

（1）产出地

历史上盛产于海南岛、广西合浦、北部湾海域。这些海域风浪较小，且海水与淡水水流相激，咸、淡适中，水质上好，水温特别适宜珠母贝的繁衍。古时就有白龙、杨梅、青婴、平江、断望、乌泥、珠沙等七大珠池。

（2）历史

在古代，随着帝王将相对珍珠的需求不断增大，捕珠业在秦朝开始兴起。海南的采珠业到秦朝时已相当兴盛，西汉汉武帝还在海南岛设置了"珠崖郡"，足见当年采珠的盛况。广西的合浦珍珠也受到历代皇室的重视，岁岁向皇室进贡。在汉代，采珠已经成为一个规模比较大的行业，许多渔人以捕珠为生。合浦就有数千人以采珠为生，史称"珠民"。晋太康三年，为确保皇室的珠宝供应，晋武帝特别下诏，派兵守护廉州珠池，严令百姓不得自行入海采珠。一应采珠事宜，须由官府统一部署。以后历代合浦珠池都为皇室的重点管辖之地。明嘉靖年间在合浦县白龙村建立了珍珠城。正是由于古时集中于合浦白龙城剖贝取珠，珠母贝壳堆成城墙，所以有"白龙珠城"之称。

唐朝李白《古风》中有"越客采明珠，提携出南隅。清辉照海月，美价倾皇都"。宋代诗人陆游在《成都行》中写到"易求合浦千斛珠，难觅锦江双鲤鱼"，表明到宋代时，我国广西合浦珍珠的产量已经很大了。

明代是中国历史上的采珠鼎盛期。明朝历代皇帝均有采珠令，仅明弘治十二年就采珠28000两。由于年年开采，到嘉靖五年，珠贝少而稚嫩，珠民采不到珠，很多人饥饿而死。

由于历代滥采，南珠资源在清朝后期枯竭。

（3）质量

我国古人认为"南珠"是最优质的珍珠，故有"西珠不如东珠，东珠不如南珠"的说法。目前故宫博物院里陈列的珍珠，大多都是合浦出产的。

（4）采珠方法

据《天工开物》里记载，古代采南珠，主要使用珍珠耙和采珠女。在船上使用由金属、竹竿等制成的珠耙，在海上捞蚌，但深度有限。更多的时候，是由采珠女采蚌。将绳索绑缚于采珠女身上，采珠女潜入海水中，捕捞蚌，这种采珠活动极为危险，常常是"以人易珠"。见图1-1-2。

图1-1-2 《天工开物》中描述的采珠情景

1.1.2 东珠

关于"东珠"有几种不同的说法：

欧洲人称中近东波斯湾地区产的天然珍珠为东珠，西方国家将产自亚洲一些东方国家的珍珠也称东珠。其中尤指波斯湾、马纳尔湾、日本等地所产的优质珠。由于波斯湾、马纳尔湾迄今仍是天然珠的主要产地，因此人们又常常把东珠视为天然珠的同义词。

所谓"出东洋者为东珠"，即来自日本的天然珍珠称为东珠。由于波斯湾、马纳尔湾在地理位置上对我国来说并不是在东方，所以在我国人们更习惯于把东珠视为来自日本的天然珍珠。在古代贸易上，日本珍珠出现的时间晚于我国的淡、海水珍珠以及波斯湾的珍珠。当今也有将日本的养殖海水珍珠或淡水珍珠误称为"东珠"。

在我国的文献典籍中，更多地将产自于东北各江河中的珍珠称为"东珠"或"北珠"，用于区别产自南方的"南珠"。本书中也遵循这一提法。

（1）产出地

东珠为天然淡水珍珠，主要产于我国东北的吉林、黑龙江一带淡水河流和湖泊中，以松花江、嫩江、瑷珲河、镜泊湖等水域所产的质量最佳。再就是牡丹江，牡丹江由于珠多物美，历来就有"珍珠河"的美誉。

（2）历史

东珠在宋、金时期曾被称为"北珠"。在清朝以前，北珠一直是历代王朝的专享贡品。在北宋和南宋时的收藏和应用量都很大。北宋时官方与契丹进行过大量的北珠贸易。宋时金攻破宋都，北珠就被作为主要的战利品之一带回金都。金、元、明时期，对北珠的欲求也是日盛一日。有关女真人采珠、献珠的记载更是不绝于史册。金末，为与蒙古议和，金帝将其所藏稀世北珠尽数献予成吉思汗；明末，清太祖努尔哈赤曾向明廷进献北珠。

清代时将满族发祥地所产的"北珠"易名为"东珠"，并有"东珠月孕生辉，宝光圆润"之说。清代将"北珠"改称"东珠"，可能与"东"在我国人心目中具有"主"的地位有关，如"东宫"等的称呼。在清朝，产于"龙兴之地"的东珠不但备受皇室和达官贵人的喜爱，且清人认为"色若淡金者"的东珠比南珠更为贵重，故清廷将东珠作为皇室、王公、勋贵的专用饰品，规定只有王公宗室才可佩戴，一般人连珍藏都不准许；又将东珠列入冠服制度之中。凡帝后的朝冠，必用颗粒大而数量多的上等东珠。文武官员朝冠所用东珠，依等级差别而依次递减。东珠也从装饰物一跃成为等级和皇权的象征。见图1-1-3～图1-1-6。

图1-1-3　清代东珠首饰（一）
（藏于台北"故宫博物院"）

图1-1-4　清代东珠首饰（二）
（藏于台北"故宫博物院"）

图1-1-5 清代雍正朝珠（藏于台北"故宫"）

图1-1-6 清代东珠首饰（藏于台北"故宫"）

清末，东珠资源日益枯竭，黑龙江流域具有千年历史的东珠采捕业最终逐步走向了消亡。

（3）质量

东珠（北珠）的大小与品质并不均一。南宋史学家徐梦莘在《三朝北盟会》卷三中记载："北珠，美者大如弹子，小者若梧子……"东珠优质者颗粒硕大，颜色鹅黄，光泽圆润，晶莹夺目；但也有部分珠质并不很佳，甚至有很多属于无光珠。即因受到清皇室的宠爱，而身价倍增，被视为珍品。以后，随着清皇室的衰微和产量的急剧减少，东珠的地位也随着下降。

（4）采珠方法

南宋史学家徐梦莘在《三朝北盟会》卷三中记载，北方的九、十月"坚冰厚已盈尺"，采珠者"凿冰没水而捕之，人以病焉"。

此外，徐梦莘和元朝诗人方回的《桐江续集》卷九《北珠怨》中都描述了宋朝民间流传的获取珍珠的方法，即：天鹅食蚌，蚌体内的珍珠留于天鹅的嗉中，当地人通过海东青捕得天鹅，并从嗉中取得珍珠。但这应该是一种小概率事件。

由于帝国威仪的需要，黑龙江流域的东珠采捕规模日渐庞大，东珠的采撷史到清朝也达到鼎盛。顺治时期，皇室还特别设置了专门机构"珠轩"，即采珠组织，对采珠进行管理。"珠轩"在产地设"珠柜"，专门负责对珍珠进行管理与收购。清朝还曾在吉林的乌拉设衙门设置官员专司捕珠业。每年四至九月，即为采珠季节，从南起松花江上游、长白山阴，北至三姓、瑷珲，东到宁古塔、珲春、牡丹江的广大范围内分头采捕珠蚌。总管便派人沿松花江流域捕蚌。水深时，捕蚌者用大杆插入水底，抱杆而下，取蚌出水后，在采珠官监督下，剥开贝壳验看有否珍珠，往往"易数河不得一蚌，聚蚌盈舟不得一珠"，"每得一珠，实非易事"。

狂采滥捕使得黑龙江流域的东珠资源迅速萎缩。至雍正朝以后，虽"偶有所获，颗粒甚小，多不堪用"。即便如此，官方的采珠规模仍不断扩大，至乾隆时期，布特哈乌拉已有65个珠轩，每珠轩设打牲兵丁30名。捕捞后，共同挑选，颗粒大者进献朝廷，颗粒小者弃之江河，任何人不得私自留存。朝廷对采到大珠者给予奖赏，往往是按照珠的成色赏以绸缎布匹，或折算成银两。如果采珠者是有罪之人，还可以因此减免刑罚。

1.1.3 西珠

关于西珠，有人认为"出欧洲西洋者"为西珠，也有人认为国外的珍珠都称为"西珠"。本书遵循第二种说法，将国外的珍珠称为"西珠"。"西珠"产地众多，也分为天然淡水珍珠和天然海水珍珠。西珠的应用在很多人物肖像画作中都有体现，博物馆藏的很多装饰物上也都有西珠，以及流通于市场的古董首饰等也有西珠，见图1-1-7～图1-1-17。

图1-1-7　佩戴珍珠的伊莎贝拉·勃兰特的肖像（画于1621年）　　图1-1-8　佩戴珍珠的波兰贵族油画（画于1637年）　　图1-1-9　佩戴珍珠首饰的女性油画（画于1853年）

图1-1-10　佩戴珍珠的女性油画（画于1787年）　　　　　图1-1-11　博物馆中天然珍珠饰品（一）

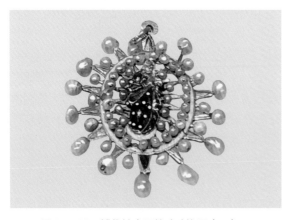 

图1-1-12　博物馆中天然珍珠饰品（二）　　　　　图1-1-13　博物馆中天然珍珠饰品（三）

图1-1-14　博物馆中天然珍珠饰品（四）

图1-1-15　博物馆中天然珍珠饰品（五）

图1-1-16　珠宝展上的古董珍珠首饰（一）

图1-1-17　珠宝展上的古董珍珠首饰（二）

（1）马纳尔湾

斯里兰卡和印度之间的马纳尔湾（Gulf of Mannar）也有悠久的产珠历史，曾出产古代最优质的天然海水珍珠。珍珠呈白色或奶白色，在体色上伴有绿、蓝或紫色的晕彩，有强的珍珠光泽。

印度南部的潘迪亚（Pandyas）在公元前就已开始进行珍珠捕捞和贸易。

（2）波斯湾

公元前200年就已有波斯湾捕捞珍珠的记载。1628年在波斯湾采到的"亚洲之珠"在世界已发现的天然大海水珍珠中排名第二位。古罗马人最初都是从波斯湾获取珍珠。古罗马的皇帝尼禄（Nero）有一顶缀满珍珠的王冠。另一位古罗马的皇帝卡里古拉（Caligula）的嘴唇边镶有一颗珍珠，他还曾经赐给自己的马一条珍珠项链。

波斯湾所产天然海水珍珠波斯珠品质优良，常为奶油色，伴有绿色晕彩。

古波斯的采珠法流传了几个世纪。由年轻的男性奴隶从船上跳进海里，屏住呼吸达几分钟，或者使用类似鼻夹的小装置，在20～30m深的地方捕捞蚌，然后返回船上，不断重复。捕捞蚌的风险极高。

（3）欧洲

欧洲的河流中所出产的珍珠，和南美的珍珠一样，受到欧洲各王室的喜爱。

英国女王伊丽莎白一世特别喜爱珍珠，她戴的珍珠串长达膝部。据说女王伊丽莎白有3000多件缀饰珍珠的服饰，但有意思的是，这些衣服上的珍珠有相当部分是仿珍珠。

（4）南太平洋海域

南太平洋海域的珠母贝体型大，出产优质珍珠。南太平洋海域的天然珍珠在1845年左右出口到欧洲。1881年在澳大利亚西北发现了巨大的银唇贝，贝体中可产出优质、尺寸大的天然南洋珍珠。

天然南洋珍珠的母贝为银唇贝、金唇贝、黑蝶贝等，可以产出白色、金色和黑色等天然珍珠。天然珠母贝和天然南洋珍珠见图1-1-18~图1-1-21。

（5）美洲

1498年，当哥伦布第三次到达美洲时，成功地发现了珍珠。在呈给西班牙国王和王后的礼单中，珍珠列于榜首。在之后的几年，其他西班牙征服者抵达西半球时，在委内瑞拉北海岸附近发现了大量含珍珠的贝类，这也就是后来广为人知的"珍珠海岸"（Pearl Coast）。之后的150年，这里出产的天然珍珠几乎都被带到了欧洲。

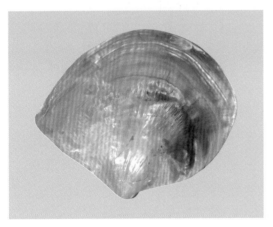

图1-1-18　天然金唇贝贝壳外侧

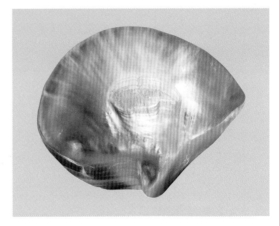

图1-1-19　天然金唇贝贝壳内侧

图1-1-20　金色天然南洋珍珠

图1-1-21　银白色天然南洋珍珠

在1900年左右，美国的天然淡水珍珠产业也开始起步，主要在密西西比河，将收获的珠母贝用作纽扣。

1.1.4 珍珠文化

珍珠历来被视作奇珍至宝，受到人们的喜爱和赞赏，它代表纯真、完美、尊贵和权威，与璧玉并重，可以与最尊贵的宝石相提并论。它是品格高贵的象征，佩戴珍珠首饰使人增添神韵。珍珠也是最早被用作宝石的天然物质，因而与中国文化结下不解之缘，形成特有的珍珠文化。珍珠文化也源远流长，有珍珠的记载就达4000多年。珍珠在伴随人类走过的漫长岁月中，不光作为物质财富供人享用，而且还融入人类历史的文化长河，留下了多彩的文化诗篇。

（1）文字意义

珍珠不但本身受人喜爱，其文字意义也具有深厚的底蕴和内涵。

"珍"的本义是珠玉等宝物，在《说文》中对"珍"的解释为"宝也"。《周礼·典瑞》记载：珍圭，王使之瑞节；《楚辞·招魂》中有"多珍怪些"，在当时"金玉为珍"；《淮南子·主术》中有：珍怪奇物。又如：远方莫致其珍（《荀子·解蔽》），希世之珍（明朝刘基《郁离子·千里马篇》），等等。很多词也延续了此意义，如："珍积"指积蓄的财宝；珍翰表示墨宝；珍币意为珍贵财物；珍赂和珍瑰都是珍宝财物的意思。

"珍"还被进一步引申为其他美好珍贵的寓意。如：《墨子》中"此固国家之珍，而社稷之佐也"，意为难得的人才；《玉台新咏·古诗为焦仲卿妻作》中"交广市鲑珍"《诚意伯刘文成公文集》中"食必珍美"等则指精美的食品，又如珍杂、珍鲑、珍滋、珍异和山珍海味等也都表示珍贵奇特的食物。

"珠"，意从玉，朱声，本义就是珍珠。《说文》中的解释为"水精也，或生于蚌，阴精所凝"。此外，如："珠翠"泛指用珍珠翡翠做成的各种装饰品，"珠户"指采珠的民户或珠饰的门户，珠履为以珍珠为饰的鞋子，"珠碧"指珍珠与碧玉，"珠市"为买卖珍珠的集市等等。

根据"珠"的本意和其特殊的光泽，人们引申出很多词和用法。如："珠英"形容美如珍珠的花；"珠光宝气"表示珠宝闪耀着光彩，形容装饰华贵；"珠辉玉丽"为珠生辉，玉瑰丽，用以比喻佳丽的肌肤之美；"珠玉"泛指珠宝，也比喻丰姿俊秀的人；"珠围翠绕"形容女性服饰华丽等。

古人也用"珠"形容文章文字的优美。如："珠玑"，本义为宝珠、珠宝，《淮南子·人间训》中以"又利越之犀角、象齿、翡翠、珠玑"比喻优美的诗文或辞藻；"珠圆玉润"表示如珠之圆，如玉之润，形容文字圆熟或歌喉美妙动听；"珠泽"比喻文采荟萃之处；等等。

人们也常常用"珠"来比喻和形容美好的事物。耳熟能详的"合浦珠还"的故事是说失去的珍珠和幸福生活又回到合浦，其后人们用"珠还"比喻美好的事物失而复得或去而复返；如"隋国珠还水府贫"等；"珠联璧合"原意为珍珠串在一起、美玉合在一块儿，现在通常用来比喻优秀的人物或美好的事物汇集在一起；"天汉看珠蚌，星桥祝桂花"中将珠蚌比喻为明月；陈吉疾《忆山中诗》中"珠林余露气，乳宝滴香泉"的珠林比喻风景秀丽美好的树林。

根据珍珠的形状，人们也用其来比喻圆、椭圆、类似水滴等形状的事物，如珠帘、珠箔、泪珠、水珠、露珠、珠丸等。岑参的《白雪歌送武判官归京》中有"散入珠帘"，《玉台新咏·古诗为焦仲卿妻作》中有"泪落连珠子"，苏轼的《六月二十七日望湖楼醉书》中有"白雨跳珠乱入船"，元朝马致远的《小桃红·四公子宅赋·夏》曲中有"映帘十二挂珍珠，燕子时来去"，以及清朝陈维崧《醉花阴·重阳和漱玉韵》词中有"今夜是重阳，不卷珍珠，阵阵西风透"等。

（2）价值

《国语·楚语》中认为"珠足以御火灾"；《淮南子·说山》也说"渊生珠而岸不枯"，表明当时人们对来自水中的蚌体精华珍珠赋予了神奇的意义。

《尚书·禹贡》有"珠贡"的记载，由此表明人们在大禹时代就已经开始使用珍珠，并将其作为尊贵的礼物贡奉。据《格致镜原·妆台记》记载，周文王曾用珍珠装饰发髻，这说明中国人用珍珠作装饰的有记载历史可远溯至周朝初始。《尔雅》把"珠"与"玉"并誉为"东方之美者"。

《周礼·玉府》中有"珠盘玉敦"，《孟子》中有"宝珠玉者"的说法，均把珍珠与玉并列，列为各类珍贵器物之首；秦昭王也把珠与玉并列为"器饰宝藏"之首。《庄子》中有"千金之珠"的说法，可见珍珠在古代便有了连城之价。帝皇冠冕衮服上的宝珠，后妃簪珥的垂珰，都是权威至上、尊贵无比的象征。

《韩非子》之"外储说左上"篇还留下了"买椟还珠"的成语故事："楚人有卖其珠于郑者，为木兰之柜，熏以桂椒，缀以珠玉，饰以玫瑰，辑以羽翠。郑人买其椟而还其珠。"

自秦汉以来，珍珠饰品更是迅速普及，帝王将相、达官贵人无不以珍珠装饰为荣。明崔铣《记王忠肃公翱三事》中的"大珠四枚""所货西洋珠""出珠授之"等，都显示了珍珠在当时受到达官贵人的追捧。

珍珠还用于皇帝戴的朝冠等，如：明神宗的朝冠以三颗珍珠与其他九颗彩珠相配。清朝皇后、皇太后的朝冠、耳饰、朝珠等，也用东珠镶嵌，以表示身份并显现皇家的权威。《大清会典》中有："清代皇太后及皇后之冬朝冠，熏貂为之。顶三层，贯珍珠各一，皆承以金凤。饰东珠各三，上衔大东珠各一，朱纬上周缀金凤七。饰东珠九，猫睛石各一，珍珠各二十一。"

珍珠还用于贵族的头部装饰等。《红楼梦》中，贾宝玉的辫子"从顶至梢，一串四颗大珠"等，王熙凤"头上戴着八宝攒珠髻，绾着朝阳五凤挂珠钗"。由此可见，珍珠的价格不菲，在以前的皇家贵族中极为流行。

1.1.5　药用功能

珍珠具有特殊的光泽、色彩，一直广受青睐。珍珠也素来享有"康寿之石"的美称，自古就是名贵中药。

中医认为，珍珠气寒，具有安神定惊、明目消翳、解毒生肌的功效，主要用于惊悸失眠、惊风癫痫、目生云翳、疮疡不敛等症。

珍珠药用在中国已有2000余年历史。《名医别录》《本草经集注》《海药本草》《开宝本草》《本草纲目》《雷公药性赋》等19种医药古籍，都对珍珠的疗效有明确的记载。

梁代陶弘景在《本草经集注》中说，珍珠"有治目肤翳，止泄"等作用。唐代的《海药本草》认为，珍珠可以明目、除晕、止泄。据明朝李时珍的《本草纲目》中记载，"珍珠味咸，甘寒无毒"，可以外敷和内服。

在现代临床中，采用珍珠粉内服治疗热性皮肤瘙痒、溃破类病症，如慢性湿疹、慢性皮肤溃疡皮炎等；手术后或黏膜破损的患者服用适量的珍珠制剂，则有利于康复；珍珠具有平肝潜阳、退翳明目作用，珍珠水提取液临床用于治疗视力疲劳、慢性结膜炎、老年性白内障等；珍珠层粉内服和外用还可治疗口腔溃疡。

另外，珍珠在美容方面也有一定的功效。在唐代演戏化妆时用珍珠粉涂面。元朝用珍珠粉做高级饮料，商人们常在水中加蜜糖和珍珠粉饮用（"盛夏以蜜水调之，加珍珠粉"）认为这样既可以滋补，又可以防暑。《本草纲目》中记载："涂面，令人润泽好颜色"，"除面斑"，"涂手足，去皮肤逆胪"。晚清慈禧太后常涂用和服用珍珠粉以养颜美容。目前研究也表明，水溶性珍珠钙（WCP）能有效抑制衰老所致的组织萎缩等。

1.2 宝石学特征

1.2.1 宝石学基本特征

珍珠是唯一不用切磨就可以直接使用的宝石品种，其基本性质见表1-2-1。

表1-2-1 珍珠的基本性质

主要组成矿物		文石、方解石、球文石等
化学成分		无机成分：主要为$CaCO_3$，质量分数占91%以上； 有机成分：硬蛋白质（conchaolin），质量分数占3.5%～7%； 微量元素：P、Na、K、Mg、Mn、Sr、Cu、Pb、Fe等十多种； 核心：无核珍珠核心为贝、蚌的外套膜，有核珍珠核心常为贝壳
结晶状态		隐晶质非均质集合体
结构		珍珠层都呈同心层状或同心层放射状结构
光学特征	光泽	珍珠光泽
	颜色（体色）	淡水珍珠：白色、橙色、紫色、粉色； 海水珍珠：白色、金黄色、灰色、黑色
	形状	淡水珍珠：圆形、水滴形、椭圆形、异形、连体异形、馒头状等各种形状； 海水珍珠：一般较圆，可有水滴形、椭圆形、异形等形状
	特殊光学效应	伴色：红色、绿色、紫色、蓝色等，白色、黑色的珍珠易观察到； 晕彩：漂浮的彩虹色，强光泽的珍珠表面易观察到
	折射率	天然珍珠的折射率一般为1.530～1.685； 养殖珍珠的折射率为1.500～1.685，大多为1.53～1.56
力学特征	摩氏硬度	2.5～4.5
	韧度	高，约为方解石（$CaCO_3$）的3000倍
	相对密度	2.60
特殊性质		遇酸起泡；过热燃烧变褐色；表面摩擦有砂感

（1）化学成分

珍珠的化学成分包括无机成分、有机成分、水和其他成分。无机成分质量分数占91%以上，主体是碳酸钙；除此以外，还含有十多种微量元素。有机成分为碳氢化合物，主体是硬蛋白质（也称角质蛋白或固蛋白）等。有机成分质量分数占1.1%～7%。

采用重铬酸钾容量法——稀释热法，对不同光泽和颜色的淡水养殖珍珠有机质含量进行测试，测得淡水养殖珍珠的有机质含量为1.191%～2.232%，结果见表1-2-2。具体方法为：用1mol/L重铬酸钾溶液加浓硫酸溶液氧化珍珠粉末中的有机质，剩余的重铬酸钾用硫酸亚铁来滴定。根据所消耗的重铬酸钾量，计算有机碳含量及校正后的有机质含量。

表1-2-2 稀释热法测淡水养殖珍珠有机质含量　　　　　　　　　　单位：‰

淡水养殖珍珠	白色无光	白色强光	淡紫色	粉色	橙色	紫色
有机质含量	11.91	15.34	17.94	18.41	20.57	22.32

珍珠中的有机物目前认为是由18种氨基酸组成，包括甘氨酸、酪氨酸、丙氨酸、缬氨酸、丝氨酸、天冬氨酸、色氨酸等蛋白质水解产物氨基酸，以及牛磺酸、鸟氨酸等非蛋白质水解产物氨基酸。不同种类、光泽、颜色的淡水养殖珍珠氨基酸含量不同。一般而言，颜色深、光泽强的珍珠有机质含量高于光泽弱的珍珠；淡水养殖珍珠一般低于海水养殖珍珠。使用酸水解蛋白法对不同光泽和颜色的淡水养殖珍珠有机质含量进行测试，结果见表1-2-3和表1-2-4。具体方法为：称取各类已研磨并充分搅拌混合后的样品1mg，加6mol/L盐酸0.5mL，在无氧下封管，于110℃±1℃水解24h，酸水解的优点是不易引起水解产物消旋化，但色氨酸被沸酸完全破坏。使用835型全自动氨基酸分析仪进行氨基酸实验。由于色氨酸、胱氨酸水解时被破坏，因而不能检测。

表1-2-3 养殖珍珠氨基酸含量对比　　　　　　　　　　单位：‰

养殖珍珠	氨基酸含量
淡水养殖珍珠	13.46～31.39
海水养殖珍珠	21.83～31.70

表1-2-4 酸水解蛋白法淡水养殖珍珠氨基酸含量　　　　　　　　　　单位：‰

淡水养殖珍珠	白色无光	白色强光	淡紫色	粉色	橙色	紫色
氨基酸总量	13.46	18.96	14.86	23.44	21.04	16.56

珍珠中含有P、Na、K、Mg、Mn、Sr、Cu、Pb、Fe、S等十多种微量元素。养殖珍珠的微量元素特征与其生长环境密切相关。珍珠的生长受环境影响，海水和淡水中所含微量元素不同。一般说来，海水养殖珍珠Sr、S、Na、Mg、Fe等微量元素相对富集，Mn相对亏损；而淡水珍珠Mn相对富集，Sr、S、Na、Mg、Fe等相对亏损。

（2）光泽

双壳类软体动物所产的珍珠，也就是我们通常所说的珍珠，最典型的特征就是具有珍珠光泽，见图1-2-1和图1-2-2。珍珠的光泽是由于特殊的有机-无机珍珠层结构所产生的，是珍珠层密集排列的碳酸钙晶片对光的反射、干涉和衍射的综合结果。珍珠光泽的强度与珍珠表面的光滑程度、内部碳酸钙晶片的排列情况、珍珠层的厚度和各薄层厚度有关。

珍珠的光泽是由于光照射时，在珍珠层表面出现反射、折射和漫反射现象。此外，在珍珠层间通常产生干涉和衍射作用。这些物理光学现象共同反映在珍珠表层，形成珍珠特有的光泽。珍

图1-2-1 珍珠光泽（一）

图1-2-2 珍珠光泽（二）

珠光泽产生原理可以用图1-2-3解释。淡水养殖珍珠的硬蛋白质层，像镜子一样反射入射光。不同的珍珠微层的反射、折射，以及同微层文石间有机质未完全填充的空隙形成的衍射狭缝对光的衍射，共同形成了珍珠的光泽。

（3）颜色

珍珠的颜色是本身体色、伴色和晕彩的综合结果。

体色（body color）是珍珠本身对白光的选择性吸收而产生的颜色，也可以认为是珍珠具有的固定色调。珍珠的伴色（overtone）和晕彩（orient）主要是由结构引起的，珍珠表面的反射光与内层反射光的干涉及珍珠各薄层之间的干涉、文石片晶之间的狭缝对光的衍射叠加在一起

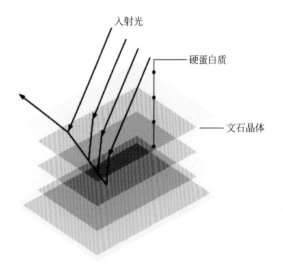

图1-2-3 珍珠光泽产生原理示意图

形成了彩虹色的晕彩。当形成的晕彩明显为一种颜色漂浮在养殖珍珠的体色上时，则为伴色。

珍珠的本体颜色主要取决于珠母贝的遗传，即珠母贝的颜色主要影响珍珠的颜色。不同珠母贝在品种、生长环境等方面都不同，培育出珍珠的体色也不同。

海水珍珠的本体颜色主要为白色、黑色、灰色、黄色，见图1-2-4～图1-2-6。淡水养殖珍珠的本体颜色主要呈现白色、粉色、橙色、紫色四大主要色系。由于粉色并不为广大消费者所青睐，因而一般将其漂白为白色，目前市场上常见的颜色也主要为白色、橙色、紫色三大色系，见图1-2-7～图1-2-9。个别淡水养殖珍珠会出现豆青色、褐色和土黄色等表皮致色的颜色，这些颜色可以全部或部分覆盖珍珠表面，见图1-2-10和图1-2-11。淡水有核养殖偶尔还会出现强光泽的青铜色、紫色和棕色，见图1-2-12和图1-2-13。

伴色是漂浮在养殖珍珠表面的一种或几种颜色。当珍珠光泽较强且体色为白、黑色调时，较容易观察到，见图1-2-14～图1-2-19。

晕彩是在珍珠表面或表面下形成的可漂移的彩虹色，见图1-2-20～图1-2-23。一般光泽强的珍珠才出现晕彩或伴色。

图1-2-4　海水养殖珍珠的主要颜色（一）

图1-2-5　海水养殖珍珠的主要颜色（二）

图1-2-6　海水养殖珍珠的主要颜色（三）

图1-2-7　淡水养殖珍珠的主要颜色（一）

图1-2-8　淡水养殖珍珠的主要颜色（二）

图1-2-9　淡水养殖珍珠的主要颜色（三）

图1-2-10　表皮致色的淡水养殖珍珠（全部覆盖）

图1-2-11　表皮致色的淡水养殖珍珠（部分未完全覆盖）

图1-2-12 青铜色和紫色的淡水有核养殖珍珠

图1-2-13 褐色的淡水有核养殖珍珠

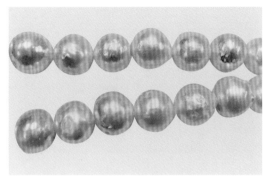

图1-2-14 白色淡水养殖珍珠的伴色（一）

图1-2-15 白色淡水养殖珍珠的伴色（二）

图1-2-16 白色海水养殖珍珠的伴色（一）

图1-2-17 白色海水养殖珍珠的伴色（二）

图1-2-18 黑色海水养殖珍珠的伴色（一）

图1-2-19 黑色海水养殖珍珠的伴色（二）

图1-2-20　淡水无核养殖珍珠的晕彩

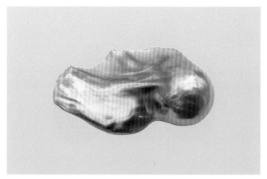

图1-2-21　淡水有核养殖珍珠的晕彩（一）

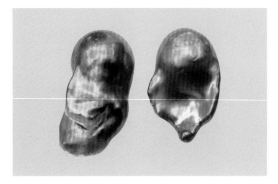

图1-2-22　淡水有核养殖珍珠的晕彩（二）

图1-2-23　淡水有核养殖珍珠的晕彩（三）

（4）形状

珍珠的形态一般有圆形类（正圆、圆、近圆形）、椭圆形、水滴形、扁圆形和异形等。

淡水养殖珍珠因为主要为无核养殖，所以形状各异，可为圆形、水滴形、椭圆形、馒头形、算盘珠形、长条形、异形、连体异形等各种形状，见图1-2-24～图1-2-31。淡水有核养殖的可为圆形或近圆形，见图1-2-32和图1-2-33；但有相当部分的有核养殖珍珠即使植入圆形的核，其外观也不圆，常有类似"尾巴"状的小尖，呈"，"状，见图1-2-34；还有一部分根据植入的核的形状各异，如纽扣形、菱形等。

海水养殖珍珠由于为有核养殖，珍珠层围绕圆形的贝壳生长，因而一般为圆形和近圆形，见图1-2-35。但当珍珠层生长到一定厚度时，也会出现水滴形、椭圆形、异形等形状。

图1-2-24　圆形的淡水无核养殖珍珠

图1-2-25　近圆形和椭圆形的淡水无核养殖珍珠

图1-2-26　椭圆形的淡水无核养殖珍珠（一）

图1-2-27　椭圆形的淡水无核养殖珍珠（二）

图1-2-28　馒头形和算盘珠形的淡水无核养殖珍珠

图1-2-29　长条形的淡水无核养殖珍珠

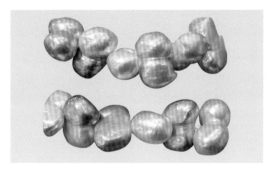

图1-2-30　连体淡水无核养殖珍珠（一）

图1-2-31　连体淡水无核养殖珍珠（二）

图1-2-32　圆形淡水有核养殖珍珠

图1-2-33　近圆形淡水有核养殖珍珠

图1-2-34 带"尾巴"的淡水有核养殖珍珠

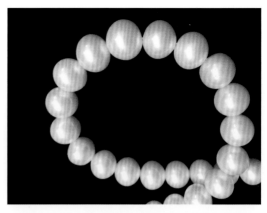

图1-2-35 海水养殖珍珠的常见圆形和近圆形

（5）紫外荧光特征

使用宝石紫外荧光仪观察，淡水养殖珍珠在长波紫外荧光下，可见无到中等的黄色、绿色荧光，个别发强蓝荧光；在短波下一般不发光。其剖开面的荧光普遍强于表面，可更清晰地观察到珍珠层的环带状分布。

海水养殖珍珠因为相对富Fe贫Mn，而Fe为紫外荧光的猝灭剂，Mn为激发剂，因而海水养殖珍珠的紫外荧光一般弱于淡水养殖珍珠。

如果养殖珍珠经过类似固体荧光增白的上光工艺，则普遍发极强的蓝白色荧光，从而无法辨认其本来的荧光颜色，见图1-2-36和图1-2-37。

（6）密度

珍珠的密度由各种成分的含量决定，不同种类、不同产地和不同成因的珍珠密度略有差异，不同质量的珍珠密度也略有不同。

一般天然海水珍珠的密度为2.61～2.85g/cm³，天然淡水珍珠的密度为2.66～2.78g/cm³，很少超过2.74g/cm³；海水养殖珍珠因为有贝壳核所以一般密度较大，为2.72～2.78g/cm³；淡水养殖珍珠的密度低于大多数天然淡水珍珠和海水养殖珍珠。

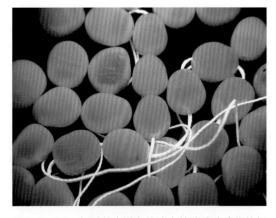

图1-2-36 经过荧光增白的淡水养殖珍珠（紫外长波下）

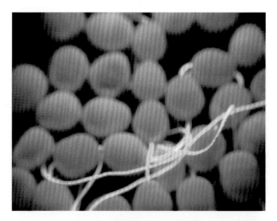

图1-2-37 经过荧光增白的淡水养殖珍珠（紫外短波下）

（7）硬度与韧度

天然珍珠的摩氏硬度为2.5～4.5，养殖珍珠的摩氏硬度为2.5～4。

珍珠的珍珠层具较强韧性，在断裂前能承受较大的塑性变形。其拉伸模量为64GPa，弯曲强度为130MPa，断裂功为600～1240J/m²，其弯曲强度与氧化铝陶瓷接近，断裂功比氧化铝陶瓷（7J/m²）高两个数量级别。

珍珠层的高韧度与其软硬相互交替的层状结合的文石-有机基质界面密切相关。其韧化形式包括裂纹偏转、纤维拔出和有机基质桥连等。其中，裂纹偏转是最常见的一种裂纹扩展现象，尤其是当裂纹垂直于文石层扩展时。裂纹首先沿文石片层间的有机质层扩展一段距离，然后发生偏转，穿过文石层，再二次偏转进入与之平行的另一有机层，由此引起所需要的断裂功增加和扩展阻力增加。养殖珍珠虽然为文石的集合体，但由于其晶片一般为几微米，且错落排列，其晶体间由相对硬度较低的有机基质黏结。当珍珠层受到外来压力时，裂纹首先在有机质层萌生，并沿文石晶体的多边形边界扩展或穿过文石层的有机层进入与之平行的相邻有机层。裂纹易呈现台阶形状，且规则清晰。有机质可以协调片层之间的滑移，或在一定条件下被拉伸或挤压，但仍然与文石层相连接，因而珍珠层易于通过层间滑移方式调节变形，从而减弱外来力产生的影响，使珍珠层不易产生裂纹。

（8）表面特征

珍珠的表面可具瑕疵、斑、平行的环状生长纹理等天然生长印记，即凹坑、白色无光斑点和环状纹等瑕疵。有核珍珠的表面还可有皱起和珍珠层的破损等。珍珠的表面特征见图1-2-38～图1-2-51。

图1-2-38 凹坑

图1-2-39 无光斑点

图1-2-40 无光斑点与环带

图1-2-41 凹坑与环带（一）

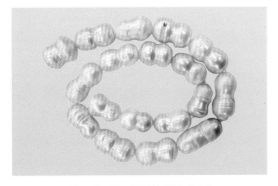

图1-2-42　凹坑与环带（二）

图1-2-43　凹坑与环带（三）

图1-2-44　环带（一）

图1-2-45　环带（二）

图1-2-46　凸起、凹坑与环带（一）

图1-2-47　凸起、凹坑与环带（二）

图1-2-48　珍珠层的皱起（淡水有核养殖珍珠）

图1-2-49　珍珠层的皱起与破损（淡水有核养殖珍珠）

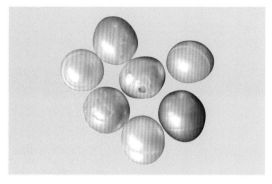

图1-2-50 珍珠层的破损与环带

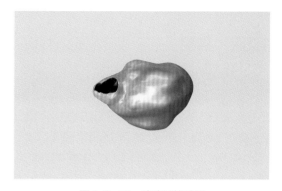

图1-2-51 珍珠层的破损

凹坑，指珍珠层表面低于其他部位的小凹点或凹坑，此部位一般具有珍珠光泽。

白色无光斑点，俗称"花"，指在珍珠层上出现的无珍珠光泽的小斑点。无论是白色珍珠还是有色珍珠，其表面的无光斑点都是白色的，这也是鉴定珍珠颜色是否天然的重要特征之一。在部分淡水有核珍珠表面还可出现大片的无光斑，俗称"白癜风"。

环状纹，俗称"螺纹"，是类似于螺丝纹的表面生长纹路，生长纹理可呈各种形态的花纹，有平行线状、平行圈层状、鱼尾状、旋涡状、不规则条纹状等。

（9）显微观察

放大检查，可见珍珠层表面一般光滑细腻，也可具有同心放射层状结构及各种表面生长瑕疵和纹理，其层状结构可在表面形成类似地图等高线状的纹理。有核珍珠从钻孔处观察，可见珠核和珍珠层层状生长结构，而无核珍珠则不易观察到。珍珠的显微观察见图1-2-52～图1-2-55。

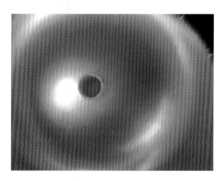

图1-2-52 无核珍珠的显微观察

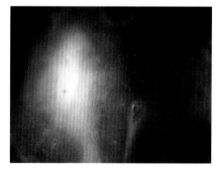

图1-2-53 珍珠层的"等高线"状纹理

图1-2-54 有核养殖珍珠的钻孔处经显微观察的珠核和层状结构

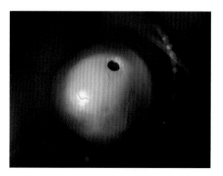

图1-2-55 有核珍珠珍珠层表面和珠核处可见的层状结构

1.2.2   物相

（1）物相组成

珍珠中的无机成分碳酸钙主要是以斜方晶系的文石出现，少数以三方晶系的方解石和六方晶系的球文石出现。珍珠中的无机矿物并不与标准文石的晶体参数完全一致，杂质离子可能和碳酸钙中的Ca^{2+}有一定程度的类质同象替换。

关于珍珠中碳酸钙的物相，主要是通过X射线粉晶衍射（XRD）、红外光谱（RI）和拉曼光谱（Raman）等技术进行测试分析得出的。目前的研究表明，淡水养殖珍珠的物相主要为文石，部分无光的淡水养殖珍珠中含有球文石。海水养殖珍珠的主要矿物相为文石，可含少量方解石，其表面光泽随方解石含量增高而减弱；此外，中国产的海水养殖珍珠中还可能含有微量的碳羟磷灰石。养殖珍珠的物相组成见表1-2-5。

表1-2-5   养殖珍珠的物相组成

项目	淡水养殖珍珠	海水养殖珍珠
主要物相	① 斜方文石 ② 六方球文石	① 斜方文石 ② 三方方解石

（2）XRD分析

淡水养殖珍珠的XRD分析见图1-2-56，衍射数据见表1-2-6。

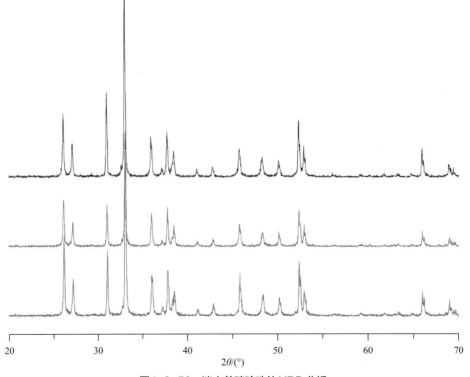

图1-2-56   淡水养殖珍珠的XRD分析

表1-2-6　淡水养殖珍珠的XRD衍射数据

文石 （JCPDS5-0453）		淡水养殖珍珠（一）		淡水养殖珍珠（二）		淡水养殖珍珠（三）	
d	I/I_0	d	I/I_0	d	I/I_0	d	I/I_0
4.212	2	**3.406**	35	**3.411**	30	**3.406**	27
3.396	100	**3.283**	19	**3.285**	18	**3.283**	15
3.273	52	2.881	29	2.882	43	2.879	34
2.871	4	2.740	5	2.741	6	**2.709**	100
2.730	9	**2.709**	100	**2.711**	100	2.491	23
2.700	46	2.491	25	2.494	22	2.414	4
2.481	33	2.415	6	2.415	5	**2.378**	26
2.409	14	**2.378**	31	**2.379**	26	2.346	6
2.372	38	2.335	14	2.349	7	2.335	13
2.341	31	2.194	5	2.338	13	2.193	4
2.328	6	2.110	6	2.195	4	2.110	4
2.188	11	**1.980**	19	2.111	7	**1.980**	14
2.106	23	1.881	11	**1.981**	17	1.881	9
1.977	65	1.817	12	1.881	9	1.817	9
1.882	32	1.746	36	1.819	10	1.746	39
1.877	25	1.728	18	1.747	34	1.729	18
1.814	23	1.563	1	1.729	16	1.415	15
1.759	4	1.539	1	1.416	18	1.361	9
1.742	25	1.501	2	1.361	9	1.352	4
1.728	15	1.479	2				
1.698	3	1.469	2				
1.557	4	1.415	15				
1.535	2	1.361	9				
		1.353	4				

注：表中加粗数据为文石的特征性强峰。

方解石和珍珠层含方解石海水养殖珍珠的XRD分析见图1-2-57，衍射数据见表1-2-7。

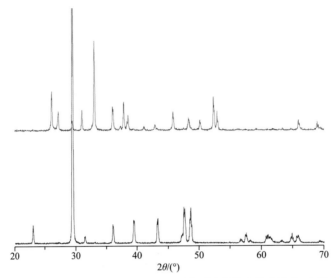

图1-2-57 海水养殖珍珠和方解石的XRD分析（上为海水养殖珍珠，下为方解石）

表1-2-7 海水养殖珍珠的XRD衍射数据

方解石		海水养殖珍珠	
d	I/I_0	d	I/I_0
3.852	29	3.851	2
3.03	100	3.406	42
2.834	2	3.283	20
2.495	7	3.040	13
2.284	18	2.881	24
2.094	27	2.738	7
1.926	4	**2.709**	100
1.907	17	2.493	28
1.872	34	2.413	5
1.625	2	**2.379**	34
1.604	15	2.345	10
1.582	2	2.334	19
1.524	3	2.283	3
1.506	2	2.195	5
1.440	5	2.109	7
1.416	3	2.094	4

方解石		海水养殖珍珠	
d	I/I_0	d	I/I_0
1.336	3	**1.981**	22
1.177	3	1.913	4
1.153	3	**1.881**	15
1.141	3	1.818	12
1.047	20	1.747	41
1.044	2	1.729	20
		1.560	2
		1.502	2
		1.468	2
		1.440	2
		1.416	14
		1.362	10
		1.353	10

注：表中加粗数据为文石的特征性强峰；□为方解石的特征性强峰。

（3）红外光谱特征

珍珠的红外振动谱带可分为$[CO_3]^{2-}$、有机质和水三类，在部分养殖珍珠中可能存在微量的杂质矿物的振动谱带。

在碳酸盐中，孤立的$[CO_3]^{2-}$呈平面三角形，对称为D_{3h}。在结构中$[CO_3]^{2-}$彼此以离子键连接；$[CO_3]^{2-}$内部，C—O共价键连接成稳固基团。v_1、v_3为伸缩振动，v_2、v_4为弯曲振动，见表1-2-8。

表1-2-8　$[CO_3]^{2-}$的简振动模式

振动模式	对称性	活性	频率/cm^{-1}	备注
v_1对称伸缩	A_1	R	1064	
v_2面外弯曲	A'_2	IR	879	
v_3非对称伸缩	E'	IR,R	1415	二重简并
v_4面内弯曲	E'	IR,R	680	二重简并

注：R代表拉曼活性，IR代表红外活性。

养殖珍珠中的红外振动谱带与文石、方解石、球文石的振动谱带对比和振动模式，详见图1-2-58～图1-2-60和表1-2-9。

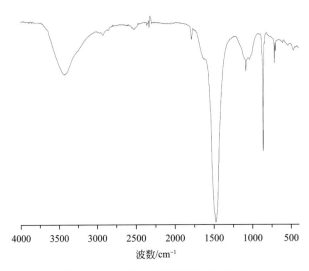

图1-2-58　淡水养殖珍珠的红外光谱

图1-2-59　海水养殖珍珠的红外光谱　　　　　图1-2-60　含球文石淡水养殖珍珠的红外光谱

表1-2-9　养殖珍珠中的红外振动谱带对比　　　　　　　　　　单位：cm⁻¹

物质	$[CO_3]^{2-}$ v_1	$[CO_3]^{2-}$ v_2	$[CO_3]^{2-}$ v_3	$[CO_3]^{2-}$ v_4	$[CO_3]^{2-}$ v_1+v_4	H—O—H v_1	有机质
文石（一）	1085	875、870	1490	712、699	1750		
文石（二）	1077	850、837	1475	707、693			
淡水养殖珍珠	1082	861	1472	713、699	1782	3426	2925、2518、1644
方解石		873	1420	708			
海水养殖珍珠（含方解石）	1081	874、862	1472	712、700	1782	3414	2917、2520、1650
球文石（一）	1085、1070	870	1490、1420	750			
球文石（二）	1089、1077	873、877	1470、1445	744			
淡水养殖珍珠（含球文石）	1083	876、860	1472、1448	745	1786		

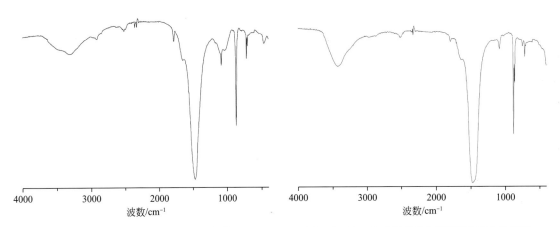

2850～2925cm⁻¹是有机基质C—H对称和不对称伸缩振动的特征吸收。1635～1650cm⁻¹附近的吸收与蛋白质酰胺Ⅰ带的伸缩振动有关。位于2512～2520cm⁻¹可能是氢键使氢原子周围的力场发生变化，引起分子中的O—H振动下移的结果。3200～3600cm⁻¹的谱带可能是蛋白质N—H、多糖O—H基团和水的伸缩振动谱带叠加的结果。

文石是斜方晶系，文石结构中的Ca^{2+}和CO_3^{2-}按六方最紧密堆积重复规律排列，每个Ca^{2+}周围虽然围绕着六个CO_3^{2-}，但与其相接触的O^{2-}不是六次配位而是九次配位，每个O与三个Ca、一个C连接。在文石结构中，$[CO_3]^{2-}$位置对称低，在非三方对称的力场中，基团的对称伸缩振动改变了偶极矩，使自由离子中非红外活性的ν_1变为活性；且$[CO_3]^{2-}$在结构中垂直于c轴并彼此平行排列，因此ν_3非对称伸缩和ν_4面内弯曲二重简并解除。三方方解石的结构类似于沿三次轴压缩的NaCl结构，并将其中的Na^+与Cl^-分别以Ca^{2+}和$[CO_3]^{2-}$替换。结构中$[CO_3]^{2-}$呈平面三角形，三角形平面皆垂直于三次轴分布。整个结构中O^{2-}成层分布，在相邻层中$[CO_3]^{2-}$三角形的方向相反。Ca^{2+}呈立方最紧密堆积，由一个C^{4+}和三个O^{2-}组成的CO_3^{2-}位于八面体空隙中，O^{2-}位于两个Ca^{2+}之间，而Ca^{2+}位于6个O^{2-}之间，Ca的配位数为6。

淡水养殖珍珠中文石的ν_3振动谱带强而锐，同时也存在比较强的ν_1、ν_2振动谱带，其与非生物成因的无机文石的谱带位置和振动相对强度都存在差异。海水养殖珍珠中只存在着少量方解石，因而其ν_1峰存在的分裂并不明显，振动谱峰相较于文石和方解石的ν_1振动，都存在着偏移。这些变化可能与其在蚌体内的矿化过程有关，表明养殖珍珠中有机分子是选择性吸收Ca^{2+}而合成碳酸钙，意味着有机基质通过与Ca^{2+}配位参与了文石的结晶过程，从而引起碳酸钙红外谱带的位置和形状发生较大改变。

与文石结构不同，球文石中$[CO_3]^{2-}$三角形平面直立，位于Ca^{2+}所构成的三方柱的中心；Ca的配位数为6的$[CO_3]^{2-}$的ν_3分裂成的两个振动谱带，以及876cm⁻¹的ν_2振动谱带和744cm⁻¹的ν_4振动谱带，均为六方球文石的特征振动谱带。

（4）拉曼光谱特征

文石、方解石、淡水养殖珍珠、海水养殖珍珠和含球文石淡水养殖珍珠的拉曼谱峰见图1-2-61～图1-2-63和表1-2-10。

低频区（100～350cm⁻¹）出现的是碳酸根离子晶格的转动及平动模式，碳酸根离子内振动模式则出现在高频区（600～1800cm⁻¹）。

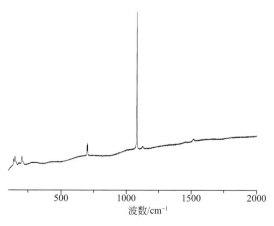

图1-2-61 淡水养殖珍珠的拉曼光谱

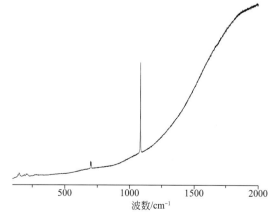

图1-2-62 海水养殖珍珠的拉曼光谱

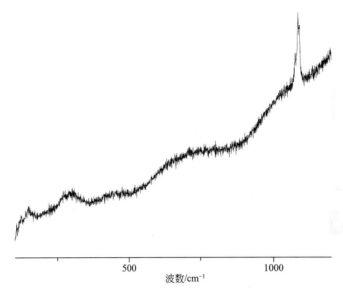

图1-2-63　含球文石淡水养殖珍珠的拉曼光谱

激发光源等测试条件的不同，会导致拉曼谱峰有一定的位移。

表1-2-10　养殖珍珠与文石、方解石和球文石的拉曼光谱 　　　单位：cm^{-1}

物质	$[CO_3]^{2-}$				
	v_1	v_2	v_3	v_4	晶格模式
文石	1086			702、705	283、273、247 209、192、180 152、145、113
方解石	1086			713	155、282
球文石	1090、1066	845		752、713	
淡水养殖珍珠中文石	1086			703	206、180、154、301
海水养殖珍珠中方解石	1086			713	155、282
淡水养殖珍珠中球文石	1089、1073			752	303

1.2.3　结构

珍珠一般由珠核和珍珠层组成。

珠核（nucleus）指天然珍珠的珠核，是微生物或生物碎屑、砂粒、病灶等；养殖珍珠的珠核是核中心的人工植入物——贝壳小球或贝、蚌的外套膜，植入的外套膜见图1-2-64，贝壳核见图1-2-65。

珍珠层（nacre）指表面呈现珍珠光泽，为无核珍珠由内到外的全部和有核珍珠珠核外的部分，由碳酸钙（主要为文石）、有机质（主要为贝壳硬蛋白）和水等组成，呈同心层状或同心层放射状结构。将珍珠剖开或破碎后，可见明显的层状结构，见图1-2-66和图1-2-67。

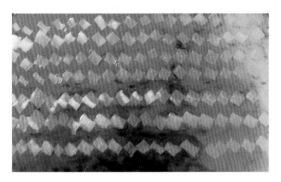

图1-2-64　用作插核的外套膜

图1-2-65　有核养殖珍珠的圆形贝壳珠核

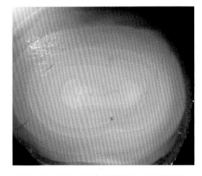

图1-2-66　珍珠层的同心层状结构

图1-2-67　珍珠层的同心层状结构（破碎后）

　　无核养殖珍珠的核心部位是外套膜，之后为白色或有色层，依次排列，从内到外都为珍珠层，见图1-2-68～图1-2-71；淡水有核养殖珍珠和海水养殖珍珠内部一般为贝壳（白色），外部为珍珠层（黑色），其珍珠层颜色较为均一，见图1-2-72和图1-2-73。

（1）显微结构

　　通过扫描电子显微镜（SEM）和透射电子显微镜（TEM）等仪器将珍珠层放大观察，可明显见到珍珠层的显微同心层状结构：碳酸钙晶体类似马赛克拼盘那样排列构成单珍珠层，有机硬蛋白质存在于碳酸钙晶体的空隙和珍珠层的单层之间。这种结构可以形象地比作建筑上砌砖，硬蛋白质如水泥，碳酸钙结晶体就好像砖块。碳酸钙结晶体的大小、形状、排列等对珍珠的质量有直接的影响，珍珠的扫描电镜（SEM）图像见图1-2-74和图1-2-75，珍珠层结构与光泽的关系见表1-2-11。珍珠层这种高度有序层状结构是其具有高强度、高韧性的原因。

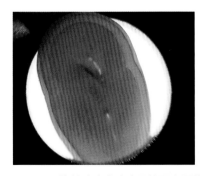

图1-2-68　无核养殖珍珠珍珠层的同心层状结构
（一）

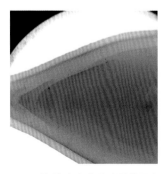

图1-2-69　无核养殖珍珠珍珠层的同心层状结构
（二）

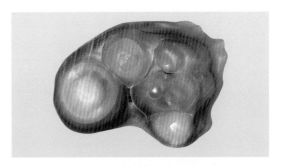

图1-2-70 无核连体珍珠珍珠层的同心层状结构（一）　　　　图1-2-71 无核连体珍珠珍珠层的同心层状结构（二）

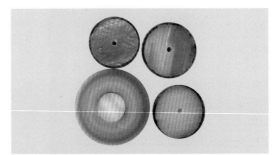

图1-2-72 有核养殖珍珠的结构（一）　　　　　　图1-2-73 有核养殖珍珠的结构（二）

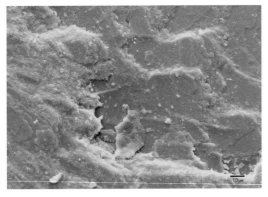

图1-2-74 珍珠层的层状结构（SEM）　　　　图1-2-75 强光泽珍珠层的表面结构（SEM）

表1-2-11 珍珠层的结构与光泽的关系

珍珠种类	强光泽珍珠	无光珍珠
海水养殖珍珠	假六方片状或扁平块状文石高度有序排列； 片状文石的中心外凸，边缘部位低； 珍珠薄层的累积呈韵律环效应； 六边形文石平均粒度1～8μm，厚度约0.3～0.6μm	表层片状文石的中心内凹，边缘部位较高； 排列常无序
淡水养殖珍珠	文石晶体排列有序，大小均匀； 直径1～4μm的六边形文石表面平整，中间有突起； 文石微层厚度近似，约为0.2～0.4μm	文石晶体形状不一，大小不均，从小于1μm到几微米； 表层文石片中心部位下凹； 晶体堆积紊乱，结构疏松，常出现几微米到几十微米的空穴

（2）珍珠层的形成机理

关于珍珠层生长机制的研究并不完善，尚有争议。

目前，关于珍珠层的沉积，一般认为珍珠层的生长包括有机基质的组装、矿物相的初步形成、单独文石板片形核和文石板片生长形成这几个主要过程。类丝素纤维以凝胶状态存在，预先填充在矿化区；几丁质定向排列，并控制碳酸钙晶体的定向生长。在矿化过程中，先形成的矿物相是胶体状的无定形碳酸钙（ACC），晶体在无定形碳酸钙上生成。酸性大分子在晶体生长的过程中起调控作用。

关于珍珠层中堆垛和外延两种生长模式，主要有矿物桥理论和模板理论等。

矿物桥理论认为，通过不同珍珠层间有机质板片的孔隙，文石晶体继续生长。每个新成核的文石晶片沿外套膜方向垂直生长，直到碰到另一层层间基质，垂直生长才会终止。随后，板片横向生长形成新的板片。一旦正在生长的板片碰到板片上方相邻的层间基质中的孔隙，它将像矿物桥一样穿过孔隙使新的小板片继续结晶生长。相对于下板片而言，这个新板片存在横向偏移，当较老的板片横向生长时，在新老板片间形成更多矿物桥，导致板片在较多位置上同时生长。

模板理论认为，可溶性有机质可能为矿物相结晶提供模板。当无机相的某一晶面的结晶周期正好与带活性基团有机基质的结构周期相匹配时，会诱导晶体沿此晶面方向生长，从而导致晶体的有序定向结构，即诱导文石晶体沿（001）晶面方向形核，最终导致珍珠层中所有的文石晶片的 c 轴垂直于珍珠层面。此外，当可溶性有机质在溶液中独立存在时，同样由于晶格匹配而选择性地吸附于文石的（001）晶面上，从而抑制文石晶体沿垂直于该面的方向生长，致使文石晶体均形成板片状形貌。

1.2.4 阴极发光特征及机理

（1）阴极射线发光特征

淡水养殖珍珠在阴极射线激发下的发光强度在一定范围内随电压增加而增加，但长时间电压过高引起的高温将会造成珍珠表面的损伤。

淡水养殖珍珠和淡水珠母贝珍珠层在阴极射线激发下发黄绿色光，海水养殖珍珠、处理海水养殖珍珠和海水贝壳一般不发光，见表1-2-12和图1-2-76～图1-2-79。

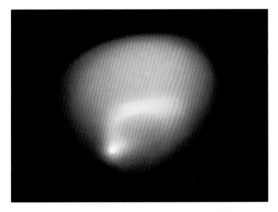

图1-2-76　淡水养殖珍珠的阴极发光特征

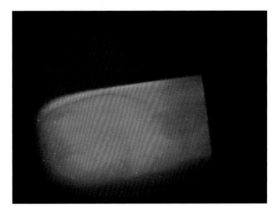

图1-2-77　淡水珠母贝珍珠层的阴极发光特征

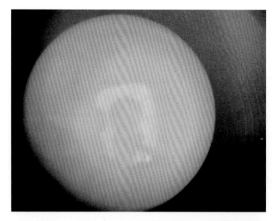

图1-2-78　白色海水养殖珍珠在阴极射线激发下不发光

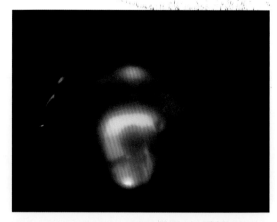

图1-2-79　黑色海水养殖珍珠在阴极射线激发下不发光

表1-2-12　养殖珍珠和优化处理珍珠的阴极发光特征

种类	颜色	阴极发光颜色	阴极发光下显微观察
淡水养殖珍珠	白色，粉色，橙色，紫色	黄绿色	结构致密，润泽，发光明亮均一
淡水珠母贝珍珠层	白色，褐色	黄绿色	结构均匀致密润泽，可见环、层状结构，发光明亮
海水养殖珍珠	黑色，灰色，黄色，白色	不发光	结构均匀致密，明亮润泽，可见射线束蓝紫色反光
海水珠母贝珍珠层	白色	不发光	结构均匀致密，可见射线束蓝紫色反光

（2）养殖珍珠的阴极发光机理

　　淡水养殖珍珠的阴极发光主要由矿物成分碳酸钙受到激发而产生，有机质并不发光。矿物的阴极发光主要与其所含的微量杂质离子或晶格缺陷有关。因而海水养殖珍珠不发光与淡水养殖珍珠发光的差异应主要由碳酸钙中的微量金属元素不同而造成。养殖珍珠的微量元素特征与其生长环境密切相关。珍珠的生长受环境影响，海水和淡水中所含微量元素不同。

　　虽然不同颜色珍珠中所含微量元素不相同，但总体来说，海水养殖珍珠S、Na、Mg、Sr等微量元素相对富集，Mn相对亏损；而淡水珍珠Mn相对富集，S、Na、Mg、Sr等相对亏损（表1-2-13）。

　　淡水珍珠或珍珠层的Mn含量比海水的高1～3个数量级。

表1-2-13　养殖珍珠中微量金属元素分析　　　　　　　　　　单位：μg/g

珍珠类型	白色淡水珍珠	橙色淡水珍珠	紫色淡水珍珠	粉色淡水珠母贝	白色海水珍珠	灰色海水珍珠	黑色海水珍珠
Mn	316.89	275.74	146	237.33	2.91	3.94	1.23
Sr	475.731	350.00	404.06	331.39	1144.67	1490.00	1492.00

　　Mn^{2+}在文石、方解石及各类碳酸盐中是最主要的激活剂，在阴极射线激发下可产生黄色和绿色等光。Mn^{2+}、Fe^{2+}、Sr^{2+}的半径分别为0.083nm、0.083nm和0.118nm，与Ca^{2+}半径0.100nm大小接近，在文石、方解石中易替代Ca^{2+}而进入晶格。由于Mn^{2+}的$3d^5$未填满外壳层，当其作为杂质进入文石等晶体后，使文石规则的晶格结构遭到破坏，从而形成晶体缺陷。Mn^{2+}等离子的周围由主晶离子配位，在配位体的晶体场作用下，Mn^{2+}的d电子在阴极射线激发

下从激发态向基态能级跃迁时，发射出频率在可见光范围内的光子。而文石中的Fe^{2+}、Sr^{2+}则为阴极发光的猝灭剂。在Mn^{2+}含量既定的情况下，发光取决于w_{Ca}/w_{Mg}、w_{Mn}/w_{Fe}和w_{Mn}/w_{Sr}，这些值越高则发光越强，反之则弱或不发光。

在碳酸盐矿物中，晶格完整、有序度高的碳酸盐矿物不发光，晶格缺陷、有序度低的碳酸盐发强光。相似的结构引起相似的阴极光发射。阴极光发射波长取决于碱土金属离子与其配位基之间的键长以及由此产生的场分裂参数。键长较小而造成的电子轨道相互啮合的程度增加，电晶场强度相应增加，包含Mn^{2+}激活剂的离子的能级较低，从而发射波长向较长的方向移动。三方方解石的配位数为6，$a_0=0.499nm$，$b_0=1.707nm$，一般发射590nm的阴极光；斜方文石的配位数为9，$a_0=0.495nm$，$b_0=0.796nm$，$c_0=0.573nm$，一般发射540nm的阴极光。

因此，养殖珍珠是否发光与Mn的绝对含量以及w_{Ca}/w_{Mg}、w_{Mn}/w_{Fe}和w_{Mn}/w_{Sr}相对含量有关。而养殖珍珠因微量元素含量不同而具不同的阴极发光特征。淡水养殖珍珠和贝壳中由于Mn和w_{Mn}/w_{Fe}和w_{Mn}/w_{Sr}含量远高于海水珍珠，在阴极射线下发黄绿色光；海水养殖珍珠和贝壳因相对贫Mn一般不发光。

1.2.5　体色致色机理

珍珠体色的致色机理比较复杂，并没有统一的认识。珍珠中，碳酸钙无机质中间分布着有机基质和结构多样的色素，这些种类和结构复杂的色素，可能单独作用显现出颜色，也可能与金属离子共同作用。针对不同的珍珠，体色的致色机理主要有卟啉致色、类胡萝卜素致色两种认识。

（1）卟啉致色

此类认识的实验研究表明珍珠体色的色调与光泽是荧光性的。珍珠的体色是蛋白质色素卟啉及其共同诱发荧光色的金属元素所致。卟啉和金属的结合体称为卟啉体。卟啉所结合的金属种类不同，色泽也不同；卟啉含量不一，颜色也就有深有浅。把不同颜色珍珠的处理材料进行荧光比色和对卟啉定量处理，结果是有色珍珠的含量多，白色者较少，光泽不好的劣质珍珠含量更少。

有色珍珠的中微量元素离子含量也普遍高于白色珍珠，表明无机金属离子可能与珍珠的颜色成因有对应关系；而有色珍珠的有机质含量也高于白色珍珠，一般认为无机金属离子可能和有机分子间形成某种配位关系。当珍珠内的微量元素进入到卟啉核中心，形成稳定的配合物，不同体色的珍珠对应不同卟啉体。因此，珍珠的体色决定于这些离子的综合作用和金属卟啉体的综合作用。

有研究认为海水养殖黑珍珠有机色素来源于珍珠贝的上表皮细胞，与可溶性有机蛋白相关，该色素可能为卟啉体；塔溪堤黑珍珠和我国带灰黑色斑点珍珠都是有机色素致色，一般认为发光光谱617nm和676nm表明卟啉的存在。珍珠的卟啉致色依据见图1-2-80和表1-2-14。

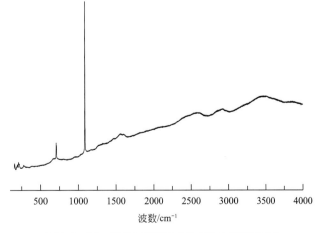

图1-2-80　塔溪堤黑珍珠（黑色海水养殖珍珠）的拉曼光谱

表1-2-14 黑色海水珍珠卟啉致色的依据

项目	墨西哥湾黑珍珠	塔溪堤黑珍珠
反射光谱	400nm、500nm卟啉峰	400nm、500nm卟啉峰，700nm为黑唇贝珍珠特征峰
荧光	在紫外长波下显现因卟啉引起的红色荧光	在紫外长波和蓝光下显现因卟啉引起的红棕色荧光
发光光谱	618nm和678nm卟啉峰	弱的618nm峰
紫外-可见	400~405nm的吸收峰	400nm和700nm吸收峰
拉曼光谱	1000cm^{-1}以上荧光增强；1100~1800cm^{-1}，约1260cm^{-1}、1320cm^{-1}、1565cm^{-1}硬蛋白和卟啉等有机质峰	1100~1800cm^{-1}，约1260cm^{-1}，1320cm^{-1}，1565cm^{-1}硬蛋白和卟啉等有机质峰

（2）类胡萝卜素致色

类胡萝卜素是自然界中植物和细菌合成的最普遍的一种有机化合物色素。迄今为止已发现了600多种类胡萝卜素，其广泛存在于动物、植物及微生物中，也是最主要的天然食用色素之一。类胡萝卜素属于一组8个异戊二烯单位组成的碳氢化合物（胡萝卜素）和它的氧化衍生物（叶黄素），大致结构为 ROOC—[CH=CH]$_n$—COOR'（n=11±1）。类胡萝卜素结构和功能非常复杂，β-胡萝卜素是其主要的色素部分。

在中国淡水养殖珍珠和贝壳的珍珠层中均发现有类胡萝卜素。不同颜色的淡水珍珠均存在特征相近的有机物拉曼谱峰：1120cm^{-1}，1132cm^{-1}，1526cm^{-1}。1132cm^{-1}和1527cm^{-1}为典型的全反式共轭双键的类胡萝卜素颜料引起的，1132cm^{-1}属于C—C单键的伸缩振动（ν_2），1527cm^{-1}属于C=C双键的伸缩振动（ν_1），弱的拉曼峰1020cm^{-1}（ν_3）可能是颜料分子中的侧向甲基的平面内摆动引起的，1296cm^{-1}峰可能与分子中的侧向甲基有关。随着颜色由浅至深，有机物拉曼谱峰强度有规律地由弱到强变化，见图1-2-81。淡水养殖珍珠的颜色的变化取决于珍珠中类胡萝卜素含量的多少。浅色珍珠的类胡萝卜素浓度低，深色珍珠层中类胡萝卜素浓度高。

此外，金属元素Mn、Mg、Zn、Ti、V等在有色珍珠中的含量较高，可能对致色起到很大的作用；随着Mn等微量元素含量的逐渐递增，珍珠的颜色也越来越深。

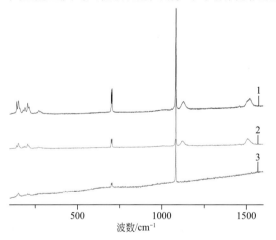

图1-2-81 不同颜色淡水养殖珍珠的拉曼光谱
1—紫色；2—橙色；3—白色

1.3 成因与养殖

1.3.1 成因

关于珍珠的成因，在古时往往与神话等相联系。晋朝的《搜神记》中写道："南海之外，有鲛人，水居如鱼，不废织绩，其眼泣，则能出珠。"于是珍珠在中国也称为"鲛珠"。在波斯神话中，珍珠是神的眼泪，满月时的眼泪会变成浑圆的珍珠，月亏时珍珠形状也会变得奇异。在罗马神话中，爱与美的女神维纳斯由海中诞生，溅起的水花成了珍珠。

我国古代就已对珍珠的成因有了很多认识。如《淮南子》中有"明月之珠，螺蚌之病而我之利也"；《史记·龟策传》中有"明月之珠，出于江海，藏于蚌中"；《文心雕龙》中有"蚌病成珠"；明朝宋应星《天工开物》中有"凡珍珠必产蚌腹，映月成胎，经年最久，乃为至宝"。人们也将珍珠的颜色归结于天气条件：由露水凝成的珍珠如果是在晴天孕育，那么就是亮色；如在阴天孕育，则是暗色。也有人认为白色或浅色珍珠在深水里生长，躲过了强烈的太阳光；而暗色或深色的珍珠在浅水中生长。以后人们推测黑珍珠的母贝生活在黑泥中，黑泥对深颜色有重要影响；而淡黄色的珍珠产于肌肉已严重腐烂的珍珠贝中。

珍珠的成因一直是珍珠研究中的争论话题之一，近代关于珍珠的成因主要归结为以下几种观点：

（1）异物成因说

此理论是基于"部分海水与淡水珍珠贝所产天然珍珠的核心是吸虫或绦虫的幼虫、头部或卵"而提出的。当海水或淡水中的各种双壳类软体动物遇到某些异物（砂粒、寄生虫）侵入其外套膜时，外套膜受到刺激就会不断地分泌出珍珠质，并将异物层层包裹起来，长时间后便形成了珍珠。但即使人为在产珠贝体内放置沙砾或以寄生虫感染产珠贝也达不到产出珍珠的目的，因而异物成因学只适用于解释部分天然珍珠的成因。

（2）珍珠囊成因说

当外套膜上皮细胞受到外来刺激时，受刺激处的表皮细胞以寄生虫的残体为核，可局部陷入外套膜内部的结缔组织或其他部位组织中，并在其周围形成珍珠囊，珍珠囊由生理和组织上都与形成贝壳的外套膜上皮细胞相似的细胞组成。珍珠囊分泌珍珠质，附在对外套膜产生刺激的异物或自身分泌的介壳质物质上，逐渐形成珍珠。其中以寄生虫为核形成于外套膜结缔组织中为囊珍珠，而肌肉珍珠则形成于闭壳肌肌肉组织中。当珍珠囊完全陷入贝体组织内部时所形成的珍珠为游离珍珠，当珍珠囊部分陷入时只能形成贝附珍珠。

养殖珍珠就是人为地将由淡水贝壳磨制的珠核或同类贝的外套膜小片植入产珠贝的外套膜结缔组织中，以刺激产珠贝，使其形成珍珠囊。囊内包裹的外套膜小片围绕中心继续增殖并分泌珍珠质层形成珍珠。

珍珠囊成因说可解释天然珍珠的形成过程，同时也是养殖珍珠技术的理论基础。

（3）表皮细胞变性成因说

此理论在20世纪初提出，认为珍珠囊表皮细胞只是由一单层细胞构成，它分泌壳角蛋白、棱柱质和珍珠质等三种物质。后来，研究者发现在珍珠囊壁所受的压力发生变化时其分泌珍珠质的机能亦发生变化，以此来解释珍珠成层变化。20世纪中叶，日本科学家滨口文二、松井佳一等认为贝体不仅在外套膜，位于闭壳肌的表皮细胞也可以因形态和机能的改变而异常增殖，产生凹陷并形成许多珍珠囊，生成细小的客旭（Keshi）珍珠。

这种理论可以较好地解释客旭珍珠的成因。

（4）生物成因学说

此理论在20世纪初提出，认为没有证据表明是由于沙粒进入贝体而形成了天然珍珠。根据生物学研究成果，提出了刺激上皮细胞增生的另一种可能原因是赘生物。外表皮上皮细胞从一种称为"G蛋白"的蛋白链中获取信息，进行传递和复制，迅速增殖的上皮细胞并非以团块状富集，而仍以单细胞层存在，由此形成凹陷，从而得以增生形成单层瘤。由于外套膜组织与上覆表皮细胞间化学变化和相互竞争使增生的细胞形成单层而不是包块。赘生物不断增生，在外套膜中形成锯齿层，然后加深加宽成为珍珠囊，进而形成珍珠。

这种理论可以较好地解释天然珍珠的形成。

（5）生物矿化静电理论

此理论是基于对双壳类有机质的研究，提出生物矿化的"离子移变说"，即带负电荷的SM螯合Ca^{2+}，诱导出局部的晶体阴离子（CO_3^{2-}）浓度增大，从而又进一步吸引更多的Ca^{2+}，直到晶体前驱物浓度增大到利于核化。研究对有机-无机界面的这种相互作用进行了理论计算，发现在带负电荷的有机单层膜界面处，Ca^{2+}浓度一般比溶液体相中的要高，且与体相中的Ca^{2+}浓度无关，但界面处晶体阴离子的浓度比体相中的要低，从而使界面处的阴、阳离子之比偏离晶体的化学计量，这种偏离有利于晶体成核生长；此外，界面处的pH值比体相中的要低，这同样有利于$CaCO_3$的形成。带负电荷的单层膜最有利于晶体成核生长。

1.3.2 养殖历史

自然形成的珍珠非常贵重，出产量非常少，远远不能满足需要，所以人们就利用自然成珠的原理，开发了人工养殖珍珠事业。

（1）珍珠养殖的探索史

中国应该是世界上可考证的人工养殖珍珠最早的国家。在13世纪时，中国人的珍珠养殖技术已经成熟，甚至从一般珍珠养殖发展到佛像形珠养殖。养珠人一般将铅或锡制的菩萨形核体植入珠母贝体内，放进水中养殖，1～2年之后，养珠人将贝从水中捞出，再从贝体内取出佛像珠。

在宋人庞元英所著的《文昌杂录》中，可以看到如下记载："礼部侍郎谢公曰，有一养珠法，以今所作假珠，择光莹圆润者，取稍大蚌蛤，以清水浸之，伺其开口，急以珠投之，频换清水，夜置月中，蚌蛤采月华，玩此经两秋，即成真珠矣。"

但中国古代的养珠法并没有流传下来，近代对珍珠养殖业做出巨大推动作用的是日本的御木本幸吉（Kokichi Mikimoto）。由于在19世纪天然珍珠稀缺，日本人御木本幸吉利用并改进了一项古代中国技术，开始人工养殖珠母，成功地培育出人工养殖珍珠，从而将珍珠业由天然采珠推向可以批量生产的现代养殖珍珠。

御木本幸吉不断尝试将不同物质放入蚌体中形成不同的刺激，最终果真产出了不同种类的珍珠。1883年，御木本幸吉克服水质污染和红潮的干扰，成功地培养出半圆形的纽扣珠；1905年，他意外地在珠母贝的外套膜里培育出半圆形珍珠。御木本幸吉的珍珠养殖技术，不但令日本养珠业迅速兴旺起来，同时也开启了世界现代珍珠养殖的序幕。之后，珍珠业发生了巨大的变化，人工养殖珍珠迅速在数量、大小、形状等方面不断取代天然野生珍珠。

（2）我国近代珍珠的养殖史

我国虽然在宋朝就能生产有核珍珠，但此后由于各种原因我国的珍珠生产一直没有得到充分发展。一直到20世纪50年代，才重新开始珍珠的养殖。在20世纪60年代后期和70年代早期，我国开始大量商业化生产。

我国养殖珍珠的数量占世界珍珠总产量的90%以上，是近代最重要的珍珠养殖国家之一。我国珍珠养殖的大事记见表1-3-1。

表1-3-1　我国珍珠养殖大事记

年份	事件
1958年	周恩来总理指示："要把合浦南珠搞上去，要把几千年落后的自然捕珠改为人工养殖"； 在广西合浦开始海水珍珠养殖试验，成功培育出第一颗海水养殖珍珠
1961年	我国第一个人工养殖珍珠贝珠池在北海东海湾建立； 之后，合浦、东兴、徐闻、澳头等一批国营海水珍珠养殖场建立
1963年	广西北海和广东湛江等养殖场开始陆续收获珍珠，见图1-3-1～图1-3-6； 淡水无核珍珠养殖初步成功
1965年	收获海水养殖珍珠40多千克，陈毅元帅曾赠词"看今朝合浦果珠还"； 北海、湛江的养殖面积不断扩大，珍珠产量不断提高
1966年	翻译出版了日本学者小林新二郎和渡部哲光编著的《珍珠的研究》
1968年	成功养殖出无核淡水养殖珍珠； 此后，养殖区域扩展到长江中下游，江苏苏州和浙江德清、萧山、诸暨等村镇为主体，进行有组织的淡水珍珠养殖
1970年	湖南、广西、江苏等地开展淡水有核养殖珍珠实验
1972年	中国养殖珍珠年产量达6.8t
1974年	广西等地的淡水有核养殖珍珠初步养殖成功
1980年	淡水养殖珍珠产量为38t； 我国共出口了价值2000万元的12t养殖珍珠
1983年	农村联产承包责任制的执行，使大量水塘被用于珍珠养殖，珍珠养殖业进入第一个新高峰
1984年	江苏渭塘镇农民自发建立了全国第一个专业珍珠交易市场，见图1-3-7和图1-3-8
1985年	浙江诸暨珍珠市场建成使用，见图1-3-9～图1-3-16； 国家出台珍珠归口经营、不准跨地区流通的政策
1988年	广东实现了在河蚌外套膜植核培育淡水有核珍珠
1989年	国家允许养殖珍珠流通过程中的有限制开放
1991年	两广沿海相继建立了近千家海水贝育苗场，培育出上百亿的贝苗
1992年	珍珠统一经营制度被取消，珍珠产业进入爆炸式快速发展期； 仅追求产量，不重视质量，使养殖珍珠开始逐渐变成"农副产品的箩筐经济"产业
1994年	我国的淡水养殖珍珠产量超过日本居世界第一位，但交易额仅占10%的份额
1996年	海水珍珠产量达25.4t； 我国当时最大的海水珍珠交易市场在北海落成开业，见图1-3-17～图1-3-20； 举办"北海国际海水珍珠原珠交易会"
1997年	海水珍珠产量和交易量均创高峰，海水交易市场被誉为"不夜城"
1998年	我国的淡水珍珠产量超过1000t； 海水珍珠产量达30t
2000年	我国淡水养殖珍珠产量约1200t，占世界珍珠产量的95%，但销售额仅为3.8亿美元，占世界珍珠销售总额的8%
2003年	淡水养殖珍珠产量约1200t
2004年	非正圆的有核淡水养殖珍珠开始不断进入市场
2005年	淡水养殖珍珠产量超过1500t，占世界珍珠总产量的95%，占淡水珍珠产量的99%，产品销售额占世界珍珠销售总额的不到1/10； 80%以上的淡水养殖珍珠只以原料或粗加工产品的形式供应，见图1-3-21和图1-3-22

续表

年份	事件
2007年	淡水养殖珍珠产量约为1600t
2008年	诸暨启用新珍珠市场
2009年	15～20mm淡水有核异形珍珠养殖成功，见图1-3-23
2011年	11～20mm圆形的"爱迪生"淡水有核珍珠上市，见图1-3-24
2012年	一串14～18mm的圆形"爱迪生"淡水有核珍珠项链在上海拍出高价
2017年	浙江、湖南、安徽等淡水养殖珍珠大省实施限养、禁养政策；诸暨山下湖的传统珍珠养殖场基本被清空，当年原珠供应量增加，见图1-3-25～图1-3-28

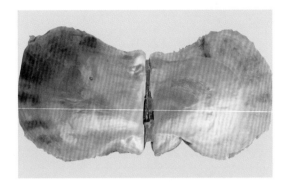

图1-3-1　1963年合浦海水养殖珍珠的马氏贝

图1-3-2　1963年广西合浦收获的海水养殖珍珠

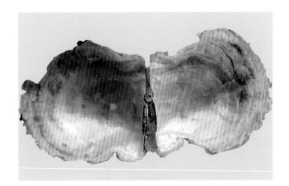

图1-3-3　1964年广东澳头养殖场的马氏贝

图1-3-4　1964年广东澳头收获的海水养殖珍珠

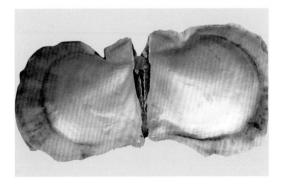

图1-3-5　1968年广东流沙养殖场的马氏贝

图1-3-6　1968年广东流沙收获的海水养殖珍珠

图1-3-7　江苏渭塘市场（2017年）

图1-3-8　渭塘珍珠市场一角（2017年）

图1-3-9　位于山下湖的老诸暨珍珠市场（摄于
2005年，已拆除）

图1-3-10　山下湖镇中心（2005年）

图1-3-11　老诸暨珍珠市场一角（2005年）

图1-3-12　老诸暨珍珠市场中的商铺（2005年）

图1-3-13　老诸暨珍珠市场中的原珠（2005年）

图1-3-14　老诸暨珍珠市场中的半成品（2005年）

图1-3-15 位于诸暨山下湖的珍珠养殖场（2005年）

图1-3-16 位于诸暨的珍珠养殖场（2005年）

图1-3-17 北海中国珍珠市场一角（2006年）

图1-3-18 北海珍珠市场的半成品（2006年）

图1-3-19 北海珍珠市场（2017年）

图1-3-20 北海珍珠市场局部（2017年）

图1-3-21 山下湖新珍珠市场

图1-3-22 山下湖新珍珠市场一隅

图1-3-23　淡水有核养殖珍珠

图1-3-24　"爱迪生"圆形淡水有核养殖珍珠

图1-3-25　山下湖之前的养殖场（2007年）

图1-3-26　夏季依然繁忙的山下湖开蚌场（2017年）

图1-3-27　山下湖镇中心的旧景观（摄于2017年，
现已拆除）

图1-3-28　山下湖镇中心的新景观（2018年）

1.3.3 养殖的原理与方法

(1)珍珠养殖的原理

"珍珠囊成因说"是珍珠养殖的理论基础。蚌体内侧具有珍珠层的双壳类蚌体,其外套膜外表皮受到外来刺激后,一部分进行细胞分裂,发生分离,随即包被了自己分泌的有机物质,同时逐渐陷入外套膜结缔组织中,形成珍珠囊,形成珍珠。

现在人工养殖的珍珠,就是根据上述原理,用人工的方法,从与育珠蚌种类相同的牺牲蚌外套膜剪下活的上皮细胞小片(简称细胞小片)和蚌壳制备的人工核,或者只是细胞小片,植入到育珠蚌的外套膜结缔组织或育珠腔中。植入的细胞小片,依靠结缔组织提供的营养,围绕人工核迅速增殖,形成珍珠囊,分泌珍珠质,从而生成养殖珍珠。育珠蚌种的养殖珍珠见图1-3-29~图1-3-32。

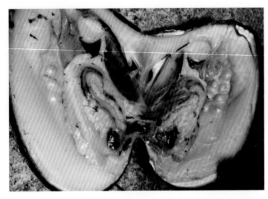

图1-3-29 淡水育珠蚌(三角帆蚌)中的养殖珍珠(一)

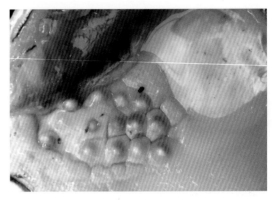

图1-3-30 淡水育珠蚌(三角帆蚌)中的养殖珍珠(二)

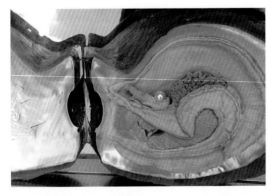

图1-3-31 海水育珠蚌(白蝶贝)中的养殖珍珠

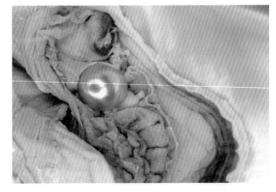

图1-3-32 海水育珠蚌(金唇贝)中的养殖珍珠

珍珠的养殖主要分为珠母贝的培育、插核、养殖和收获几个步骤,见图1-3-33。

(2)珠母贝的种类和培育

具有珍珠层的珍珠主要产于双壳类软体动物。双壳类因具有大小完全相等的两壳而得名,两壳左右对称,每一壳无对称面,因此可和腕足类区别。双壳类珠母贝马氏贝和三角帆蚌的贝壳见图1-3-34和图1-3-35。

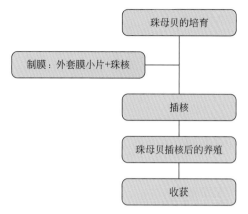

图1-3-33　珍珠养殖的步骤

图1-3-34　马氏贝贝壳

图1-3-35　三角帆蚌贝壳

　　双壳类软体动物全部生活在水中，大部分海产，少数生活在淡水中。约有2万种，分布很广。一般运动缓慢，有的潜居泥沙中，有的固着生活，也有的凿石或凿木而栖。世界上能养殖珍珠的母贝只有30多种，我国近海的珍珠贝也有17种之多。

　　海产珍珠贝类主要有马氏贝、黑蝶贝、白蝶贝、银唇贝、企鹅贝等，另外牡蛎也可产珍珠。淡水珍珠贝类有三角帆蚌、褶纹冠蚌、珠母珍珠蚌、背瘤丽蚌和池蝶蚌等。

　　珠母贝一般有两个来源，由潜水员采集天然野生珠贝作母贝和将母贝放在合适水温下授精、培育。

　　人工育苗分为三个阶段：人工授精阶段，幼虫饲养阶段，培育阶段。养殖水域最好选适宜珠母贝生态习性的水域。

（3）人工插核

　　选择经过养殖的成年健康贝，实施外科手术植入珠核。

　　插核，也称植核，将壳撬开1cm，用消过毒的手术刀在外套膜上割一个小口，插入现场制作的外套膜小片，就可养殖无核珍珠。

　　如果养殖有核珍珠，则在插入膜片的同时插入珠核，而且膜片必须紧贴在珠核上，并插到预定位置，才能产出优质珍珠，当植入珠核时撑起的空隙和创口较大时，极易使污物进入，重则可使蚌死亡，轻则易形成尾巴珠或不规则珍珠。所植入的珍珠核决定了所产出珍珠的形状，所以欲得到圆度较好的珍珠必须保证珠核的圆度。

（4）育珠母贝的养殖

植核后的母贝装入笼内并标记，及时送回环境条件较好的水域中去养殖。养殖时间一般为半年至四年左右。

（5）收获

植核后的母贝经过8个月至4年的精心养殖就可以收获，收获季节选择在冬季的11～12月份，这时的珍珠光泽好。收获前也可先用X射线透视，确定收获对象。收获的珍珠必须及时处理，以保证珍珠的质量。

1.3.4　养殖珍珠的主要种类

养殖的珍珠主要有以下几种：

（1）有核养殖珍珠

有核人工养殖是将一颗完整的珠核核外套膜小片置入软体动物的外套膜中，最终这个珠核可以覆盖上约几毫米厚的珍珠层，形成一个完整的球形或其他形状的珍珠，见图1-3-36和图1-3-37。

目前海水珍珠的养殖和部分淡水珍珠的养殖使用此方法。

图1-3-36　海水有核养殖珍珠（破损处可见珠核）

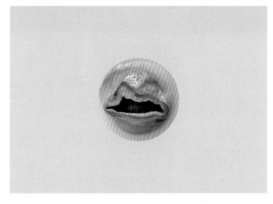

图1-3-37　淡水有核养殖珍珠（破损处可见珠核）

（2）无核养殖珍珠

无核养殖珍珠是只用外套膜的微块植入软体动物的外套膜中，一个珠蚌可以植入多达50个外套膜小片。经过半年至四年就可以收获珍珠。无核养殖的产量大，养殖的珍珠从里到外都是珍珠层，见图1-3-38和图1-3-39。不过，无核珍珠的形态差异很大，在很大程度上取决于被植入的外套膜的形态等多方面因素，形状较难控制。无核养殖在淡水养殖的珍珠中曾占有绝对的地位，近年来由于有核养殖的技术不断完善，无核养殖比例逐渐开始降低。

（3）贝附珍珠

将珠核置于软体动物的壳与外套膜之间，将置核后的该软体动物放水中生活数年，珠核上面就会覆盖一层天然钙质膜。贝附珍珠见图1-3-40和图1-3-41。

养殖后的珍珠加工方法各异，有时直接使用，有时将后部切掉，然后在半形珠上粘上一层珠母质，经车、磨、抛光后形成一个拼合珍珠。

图1-3-38 淡水无核养殖珍珠

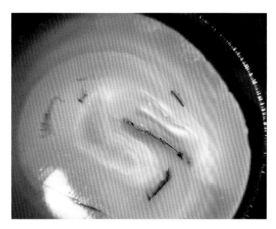

图1-3-39 淡水无核养殖珍珠的剖开面

图1-3-40 贝附珍珠（淡水）

图1-3-41 贝附珍珠（海水）

1.3.5 海水有核珍珠的养殖方法

珍珠养殖技术最早是用马氏贝进行海水珍珠养殖，后期不断扩展到其他贝种。

（1）珠母贝的种类和培育

海水珍珠贝类主要有马氏贝（*Pinctada fucata martensi*，*Pinctada martensi*）、黑蝶贝（*Pinctada margaritifera*, black-lip pearl oyster）、大珠母贝（*Pinctada maxima*）、企鹅贝（*Pteria Penguin*），另外牡蛎也可产珍珠。海水育珠贝见图1-3-42～图1-3-45。

图1-3-42 黑蝶贝与养殖珍珠

图1-3-43 大珠母贝与养殖珍珠

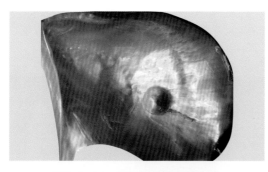

图1-3-44　企鹅贝与养殖贝附珍珠

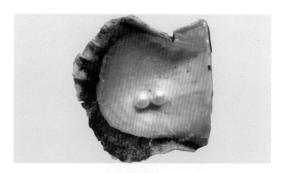

图1-3-45　马氏贝与养殖珍珠

以下以我国海水珍珠的养殖为例。

我国和日本海水养殖珍珠的主要养珠贝是马氏贝。马氏贝的个体较小，方形，背缘略平直，腹缘弧形，前、后缘弓状。壳内面珍珠层较厚，坚硬，有光泽。角质层灰黄褐色，间有黑褐色带，见图1-3-46和图1-3-47。

马氏珠母贝生活在热带、亚热带海区。自然栖息于水温10℃以上的内湾或近海海底。水深一般在10m以内，分布范围较窄。成体终生以足丝附着在岩礁石砾上生活。适宜水温范围为10～35℃。摄食时主要通过贝壳的开闭、外套膜触手的摆动、鳃的过滤和输送、唇瓣的选择而将食物由口摄进。以摄食浮游植物和小型浮游动物为主，同时夹杂一些有机碎屑和杂质。一般寿命为11～12年。

母贝的来源有两个：野生采集和养殖。野生软体动物，由采集获得。以前在采集季节，人们潜入1～10m的海水底采集，继而送到珍珠养殖场，将它们分散在未被其他软体动物占用的浅基底上。在早秋时完成，至次年春天挑选之前，它们不会被打扰。

现在主要是养殖得到。养殖马氏贝的水域环境必须是阴暗、干净、温度适宜、无杂物、无有害生物。人工育苗时，在取得亲贝的卵和精液后进行人工授精。受精卵经清洗后静置，到胚体进入转动期搬迁至育苗池。游泳期幼虫用清洁海水和充足的饵料饲养。到附着期投以采苗器即可获得人工贝苗。此外，繁殖季节在优良的采苗场所吊挂各种采苗器，也可采到大量幼苗。幼苗自采苗器上收集起来后分装在苗笼中下海吊养。苗笼的网目应小于各时期的幼苗，网衣需经常洗刷和定时更换。幼苗从小苗、中苗长到大苗约需半年。大苗开始性成熟时即进入养成期。母贝养成期的贝笼也需勤加清洗和更换，防治病虫害并避免台风、淡水、低温的侵袭。

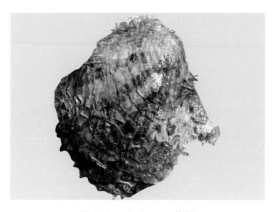

图1-3-46　马氏贝外部

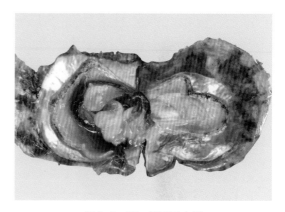

图1-3-47　马氏贝内部

　　为了获得和培育马氏珠母贝，应采用笼养。用金属丝制作的笼子，每个笼子里还有几个用丝网制成的隔板。然后，用煤膏、水泥与沙子的混合物涂于其上，使其表面变得粗糙。再用小黑板固定在笼子的四周和底面，使之变成暗区。这样，即可引诱软体动物的幼虫前来定居。

　　将笼子悬挂在水面以下约6m的深处，其产卵期是7～9月。至11月即可将笼子从水里提取出来。将马氏贝从收集笼转移到饲养笼。待软体动物长到约一岁、壳的直径长到约2.5cm时，可将它们分布在基底粗糙的水域里进行养殖。

　　马氏贝的养殖过程见图1-3-48～图1-3-55。

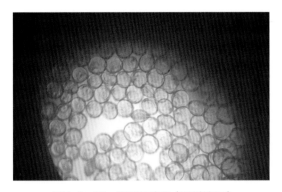

图1-3-48　马氏贝幼苗（显微镜下）

图1-3-49　马氏贝育苗池

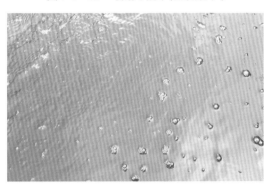

图1-3-50　马氏贝育苗池局部

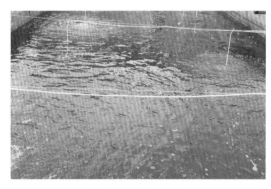

图1-3-51　饵料池

图1-3-52　马氏贝苗采苗装置

图1-3-53　长大的马氏贝一般使用网笼吊养

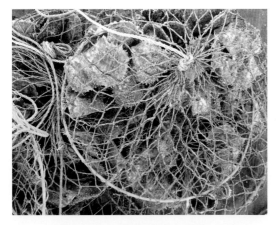

图1-3-54 吊笼中的马氏贝（一）

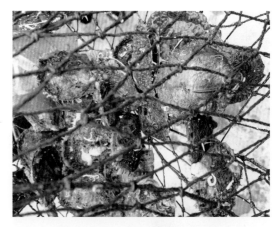

图1-3-55 吊笼中的马氏贝（二）

（2）人工插核

约两年以后，即第三年的夏天，即可将马氏贝收集上来。经过挑选，符合质量要求的就用于插入珠核。如果贝壳外面附生有其他生物体，就必须立即除去，尺寸不足者可以送回去再生长一年。变形厉害或已老化的则只能抛弃。

人工插核，或人工植核，简称"插核"，即把种核植入珠母贝内，以便形成珍珠。这是人工养珠的关键步骤。种核一般由淡水贝壳制成，具有良好的磨圆度，直径约5～7mm，也可以更大，它决定着养殖珍珠的大小。

此外，还需要使用现场制作的其他马氏贝（牺牲贝）的外套膜小片，与贝壳核一起植入，以刺激育珠贝形成珍珠囊。制作外套膜，需要先将牺牲贝的外套膜撕下，此过程也称撕膜；然后切成细小的长条；再切成小方片。

在准备核的同时，还需要采用各种方法，如插进竹箝等，使珠母贝的贝壳微微张开双瓣；然后使用手术工具将种植核植入母贝体内相应的育珠部位，快速完成后放入笼中让其休养。给贝做插核手术是一项技术性很强的手艺活，一般生手需要实践一年左右才能成为熟手，而且以中青年女性为宜。

插核手术的过程，见图1-3-56～图1-3-67。

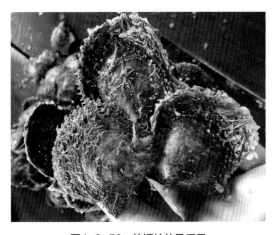

图1-3-56 待插核的马氏贝

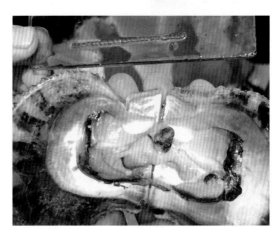

图1-3-57 用于提供外套膜的牺牲贝和外套膜小片

图1-3-58 撕膜与制膜（一）

图1-3-59 撕膜与制膜（二）

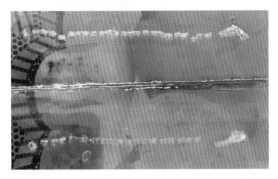

图1-3-60 待植入的外套膜小片

图1-3-61 贝壳核

图1-3-62 工人为待插核的马氏贝开口

图1-3-63 已开口的待插核马氏贝

图1-3-64 插核（一）

图1-3-65 插核（二）

图1-3-66 插核（三）

图1-3-67 撕膜与插核现场

（3）育珠母贝的养殖

植核后，经过2～3年的养殖，珍珠长成，约5～7mm。

珠母贝在插核手术后，转入育珠贝管养阶段。育珠贝在插核手术后要选定水流清静的场地进行休养约20天至1个月，过了休养期通常需1年左右的育珠期即可收珠。养殖场多分布在亚热带海区，一般具有风浪小、水质清洁、水深适宜、食料丰富的环境条件。

已被植入种核的珠母贝需要放入悬在笼子上的特殊筏子里，筏子则锚固在加防的环境变化小的平静水域中。时间最好选在每年三四月，因为这时水温最适于珠母贝的外套膜伤口愈合。

2～3周之后，种核开始接受珠母贝分泌的珍珠质，进而形成珍珠。再过一段时间（累计4～6周）需要检查珍珠层的发育情况，清除那些未能经受住考验的珠母贝和附生在贝壳上的一些小生物，以确保其健康。然后将其装入新笼子和转移到固定的珍珠养殖场，从筏子上悬至水深2～3m处。海水珍珠养殖场见图1-3-68和图1-3-69。

养殖的时间，因贝、区域、技术等不同，而不同。以马氏贝为育珠蚌的海水珍珠养殖时间一般为半年左右或更长的时间。养殖期间，让育珠贝始终保持不受干扰和正常生长的状态。当然，在这一过程中，养殖者仍要及时地检查是否有海藻、杂物等附于外壳上，并适时地进行处理。

养殖珍珠除必须防珠母贝天敌、注意清除水中杂物等之外，还最怕水温突变和"赤潮"所造成的宿主软体动物死亡。

图1-3-68 养殖场（一）

图1-3-69 养殖场（二）

珍珠囊及其分泌的物质，在珍珠形成过程中，有很大变化。初插细胞小片原有较多的腺细胞，随着时间的延长，腺细胞逐步消失，细胞形态由高圆柱形转为扁平形。分泌的物质也随着细胞形态的变化而发生改变。初期珍珠囊内，pH值为酸性，分泌壳角蛋白；随后pH值转为碱性，分泌碳酸钙，形成棱柱层；最后pH值变为中性，分泌珍珠质。其中，珍珠质每天分泌2～5次，每次分泌覆盖的厚度仅不到1μm。

（4）收获

收获时间一般在11月至第二年的2月。高温季节一般不收珠，因为在气温高的时候珍珠质沉淀快、质地松，珍珠表面往往蒙上一层白色的物质，光泽暗淡，质量不好。而在冬季或低温条件下，珍珠贝分泌珍珠质速度缓慢，珍珠质表层比较细致、光滑，光泽较好，因此是采收珍珠的最好时间。

收珠方法是按工作人员前后顺序排列进行的，收完一个再收下一个，顺序类推。从海里取出珠贝后，用开贝刀从腹缘开口处插入贝体内，用力割断闭壳肌，露出软体部分，用镊子或刀子轻轻地插入育珠囊，小心地从囊中取出珍珠。

刚收获的珍珠，因为表面附有海水、体液和污物等，如果放置过久，珍珠表面的胶质状碳酸钙和有机质就会发生凝结，珍珠质会变暗，被氧化变质，影响质量。因此，采收之后应及时进行处理。可先用过滤的温暖海水洗净，再用清水漂洗，然后用软毛巾擦干。还可用饱和盐水浸泡5～10min，然后用2∶1比例的食盐和珍珠混合一同揉擦，再用温水溶解食盐分离出珍珠，最后用清水把珍珠洗涤干净。或是将采出后的珍珠浸于肥皂水中，用软毛刷蘸肥皂水轻轻刷洗，后用清水洗净，再用新的软毛巾擦干。收获的珍珠见图1-3-70和图1-3-71。

图1-3-70 收获的珍珠（一）　　　　　图1-3-71 收获的珍珠（二）

1.3.6 淡水无核珍珠的养殖方法

（1）珠母贝的种类和培育

淡水产的蚌类主要有三角帆蚌（*Hyriopsis cumingii* 或 triangle shell mussel）、皱纹冠蚌（*Cristaria plicata* 或 cockscomb pearl mussel）、池碟蚌（*Hyriopsis schlegeli* 或 Biwa pearly mussel）以及背瘤丽蚌（*Lamprotula leai*）等，见图1-3-72～图1-3-75。由于背瘤丽蚌贝壳层厚，产出珍珠的质量较差，所以目前主要用其贝壳磨制珠核，而非用其养殖珍珠。我国多使用三角帆蚌和皱纹冠蚌育珠，日本的淡水珍珠养殖多使用池碟蚌育珠。

图1-3-72 三角帆蚌

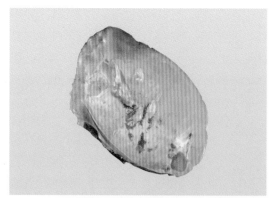

图1-3-73 皱纹冠蚌

图1-3-74 池碟蚌

图1-3-75 背瘤丽蚌

淡水贝类中以三角帆蚌产珠质量最佳，珠质光滑细腻，形状较圆，色泽好，但生长速度慢。褶纹冠蚌产珠质量次之，珠质多皱纹，呈白色或粉红色，一般为长圆形，生长速度快。池蝶蚌又称许氏帆蚌，与三角帆蚌相似，产珠质量好，生长速度快。

以下以我国使用最多的三角帆蚌为例。

三角帆蚌具向上突起的三角帆状后翼，外形略呈三角形，贝壳可达24cm，见图1-3-72。繁殖用的种蚌最好是采自自然水域中的野生蚌，雌、雄蚌最好选自不同的水域，以保证种质的质量，提高后代的育珠性能。

养殖水域可为池塘、河流和大面积水域。池塘的养殖面积因地制宜，小的池塘为3～5亩（1亩 = 666.7m^2），大的池塘从十几亩到几十亩都有，水深1.5～2m，水质一般都较肥，饵料生物丰富。池塘中可混养草鱼、鳙鱼、梭鱼、鲫鱼，不宜放养或极少量放养杂食性鱼类如鲮鱼等，不可放养肉食性鱼类如青鱼、乌鳢等。无污染的河流，氧气充足，水质清新，水体呈流动状态，物质交换充分，适合三角帆蚌的生长。湖泊、水库等，由于水域面积较大，一般选择岸边或其他水体较浅的水域进行珍珠蚌养殖。大水面的水体流动性较大，水质清瘦，溶氧丰富，但环境因子复杂，管理操作不太方便。

生产上一般采用泥池流水培育法和小网箱浅吊法进行培育，使4～5月人工繁殖的幼蚌，在6月中、下旬开始放养。再经80多天时间培育，小蚌的生长速度可达1mm/d，9月初蚌可长到7～9cm，达到珍珠插核的规格要求（图1-3-76、图1-3-77）。

图1-3-76　待插核的幼蚌（一）

图1-3-77　待插核的幼蚌（二）

（2）人工插核

人工插核就是采用微创手术的方法，将细胞小片和珠核植入到育珠母贝体内，然后将育珠贝放回水中休养。插核手术是珍珠生产的关键，做好此环节可提高高手术蚌的成活率，避免病害，增加优质珍珠的比例。

皱纹冠蚌的一个蚌壳可插50个外套膜，每边25个，即产50颗珍珠；三角帆蚌的一个蚌壳可插24～32个外套膜，每边12～16个，即产24～32颗珍珠。但插核数量并无一定之规。

插核手术的季节育珠手术以3～5月和9～10月进行较为适宜，此时水温为15～25℃，育珠蚌的新陈代谢旺盛，细胞小片的存活率高，育珠蚌手术伤口愈合快，珍珠囊的形成迅速，珍珠质分泌快，珍珠质量好。

当水温超过30℃，尽管手术伤口愈合快，珍珠囊形成迅速，但细胞小片存活时间较短，成活率低，且伤口易溃烂而感染疾病，引起育珠蚌的死亡。如果在高温季节进行育珠手术，必须选择阴凉通风遮阳处进行，且施手术者必须有熟练的技术，在极短的时间内完成整个手术过程。当水温低于5℃，三角帆蚌进入冬眠状态，此时进行手术尽管减少了感染疾病的机会，但伤口不易愈合，细胞小片容易冻死。

插核需选择健康、无病害、无损伤的育珠蚌进行插核。手术过程中，所有工具都应严格进行消毒、清洁，避免带菌操作。用70%的酒精浸泡或擦洗所有操作工具，或在无菌状态下进行手术。操作人员作业前须清洁双手。

制片操作应在遮阳无风的环境中进行，以免风力引起小片干死，避免细胞小片因受紫外线直接照射而降低活力。另外，使用混合营养液处理细胞小片，可以提高小片的成活率和抗病力，提高珍珠的产量和质量。

插核时，操作人员的技术必须熟练，动作迅速，手术时间越短越好，整个手术过程最好不超过8min，以保证细胞小片的成活率和育珠蚌的成活率。开壳宽度不宜超过0.8cm，以免拉伤或拉断闭壳肌，引起手术蚌手术后的死亡。插核植片的伤口面积不能超过外套膜总面积的5%，以免引起手术蚌组织器官严重积水而死亡。为了进行插核的质量监控，部分养殖场还会在每个育珠蚌上刻有插核师傅的序号。

插核手术后，育珠蚌先休养、观察后，再放入到养殖场。

制核、插核手术等过程见图1-3-78～图1-3-89。

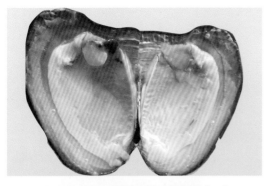

图1-3-78　提供外套膜的牺牲蚌（一）

图1-3-79　提供外套膜的牺牲蚌（二）

图1-3-80　制膜

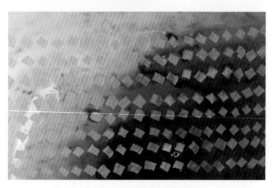

图1-3-81　已制好的外套膜小片

图1-3-82　准备插核

图1-3-83　插核（一）

图1-3-84　插核（二）

图1-3-85　插核的部位

图1-3-86　插核现场（一）

图1-3-87　插核现场（二）

图1-3-88　蚌壳上插核师傅的序号

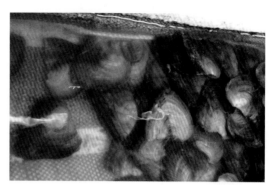

图1-3-89　手术后的育珠蚌

（3）育珠母贝的养殖

插核后的育珠蚌约修养一周后，将育珠贝装在网笼里，然后用绳索吊在水中进行养殖。养殖的时间一般为半年到4年。养殖时间越长，珍珠越大。但如果超过4年，由于育珠蚌老化等原因，珍珠的光泽受影响的概率大大增加。

育珠蚌养殖的水域，与培育母蚌的水域类似，一般也为池塘、河流和湖泊。对育珠蚌的生长及珍珠培育比较适宜的生态环境是一定速度的流水，保持育珠水域的pH在中性略偏碱的范围，以7～8为宜。营养盐类：钙盐是蚌最需要的盐类，通过施加钙肥来补充钙源，可促进蚌的生长。通过施加有机肥、无机肥来补充镁、硅、锰等蚌体所需的微量元素，另外添加稀土促进育珠蚌分泌珍珠质，可加快珍珠的形成。水体的肥瘦、饵料生物的丰欠可通过水色来反映，水体颜色以黄绿色为好，透明度以30cm左右为宜。

育珠蚌采用吊养的方式，把育珠蚌放在水体浮游生物量较高的水层中养殖，这样可以使珠蚌有充足的饵料和溶氧。放养前，必须在水域中选择两岸相对较近的岸边，用毛竹或树桩做成固定的撑架或直接在两岸边打桩。然后每间隔1～2m沿水面拉上绳子，在每条聚乙烯绳上间隔一定距离系上浮子。浮子是为了吊养的育珠蚌能均衡悬浮于水层之中，有一定浮力的塑料空瓶等均可用作浮子，见图1-3-90和图1-3-91。

将育珠蚌放入网袋内吊养，每袋一般放1~3个育珠蚌，这样育珠蚌距离水面约30～70cm，见图1-3-92和图1-3-93。

养殖期间需要定期检查蚌体的健康状况，及时发现病疫，见图1-3-94。当育珠蚌发生病变或死亡，将极大影响珍珠的质量和产出，见图1-3-95～图1-3-99。

图1-3-90 珍珠养殖水域与浮子（一）

图1-3-91 珍珠养殖水域与浮子（二）

图1-3-92 吊养（一）

图1-3-93 吊养（二）

图1-3-94 检查育珠蚌

图1-3-95 育珠蚌发生病变的水域

图1-3-96 育珠蚌死亡的水域

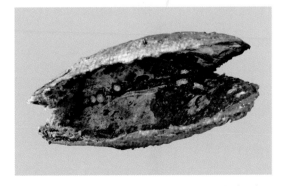

图1-3-97 蚌体病变死亡后留下的空蚌壳（一）

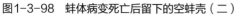

图1-3-98 蚌体病变死亡后留下的空蚌壳（二）

图1-3-99 死亡蚌中的珍珠

（4）收获

每年的11月到第二年的3月为采收季节，此时的珍珠生长缓慢，光泽度和瑕疵度都较好。由于天气等原因，大规模的收珠一般集中在11月和3月。

家庭珍珠养殖场小规模的收获过程见图1-3-100～图1-3-105。开蚌场大规模开蚌、取珠等过程见图1-3-106～图1-3-113。

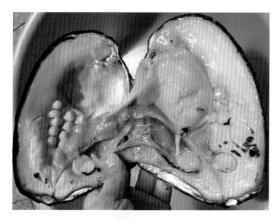

图1-3-100 打开的育珠蚌

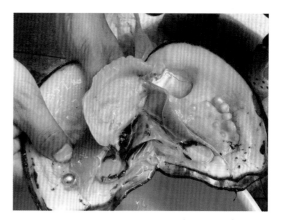

图1-3-101 育珠蚌中的珍珠

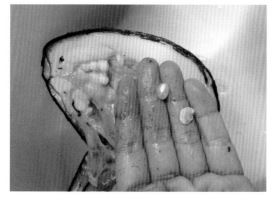

图1-3-102 收获的光泽较好的无核珍珠

图1-3-103 收获的病珠

图1-3-104 单个育珠蚌中收获的无核珍珠

图1-3-105 刚收获的无核珍珠

图1-3-106 大规模收珠：开蚌（一）

图1-3-107 大规模收珠：开蚌（二）

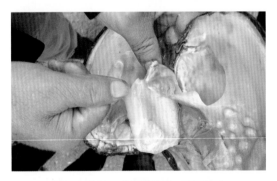

图1-3-108 大规模收珠：取无核珠

图1-3-109 大规模收珠：取出无核珠

图1-3-110 大规模收珠：已取出珍珠的蚌

图1-3-111 大规模收珠：去除蚌肉的贝壳

图1-3-112 大规模收珠：收获的珍珠　　　　　图1-3-113 大规模收珠：开蚌场一角

　　珍珠取出后，珠母贝可用作有核珍珠的珠核、工艺品等，蚌中的软体部分则可用作食材、动物饲料等，见图1-3-114。

　　也有部分收珠时，并不完全打开蚌壳，只是开一口取珠，然后帮已取出珍珠的育珠蚌继续放入养殖水域饲养，在原珍珠囊处可生长出再生珍珠（second crop keshi pearl），再生珍珠见图1-3-115。

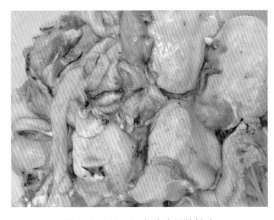

图1-3-114 取出珍珠后的蚌肉　　　　　　　　图1-3-115 再生珍珠

1.3.7 淡水有核珍珠的养殖方法

　　淡水有核养殖珍珠的育珠蚌也主要为三角帆蚌，见图1-3-116。养殖过程和收获等都与无核珍珠基本相同。但有核珍珠的插核的个数一般是1个，而非多个；大尺寸圆形淡水有核珍珠的插核部位也与无核养殖珍珠的外套膜不同，见图1-3-117。

　　此外，淡水有核珍珠和无核珍珠最大的区别是：插核手术时除了外套膜小片，还有淡水贝壳核。贝壳核的制作见图1-3-118～图1-3-121。

　　要提高淡水有核珍珠的圆度，所植入的小片要干净且形状整齐，大小应在4～5mm，方形。植入的伤口大小与深度要适宜，过程需一次性，不可重复。在养殖过程中，外套膜小片上皮紧贴珠核有可能形成正圆形的珍珠，外套膜小片和珠核有距离时易形成葫芦形珍珠，外套膜小片与珍珠贝外套膜相连时常会形成"尾巴珠"等异形珠。

图1-3-116 培育有核珍珠的三角帆蚌

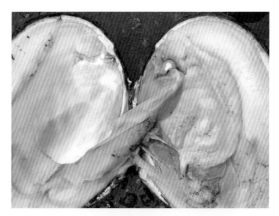

图1-3-117 培育圆形有核珍珠的部位

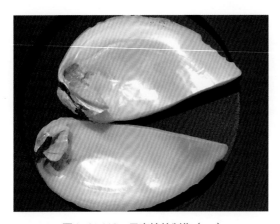

图1-3-118 贝壳核的制作（一）

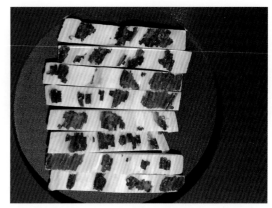

图1-3-119 贝壳核的制作（二）

图1-3-120 贝壳核的制作（三）

图1-3-121 贝壳核的制作（四）

有核珍珠收获过程与无核珍珠完全相同，可与无核珍珠分区域同时进行，见图1-3-122～图1-3-124。

图1-3-122 大规模收珠：取有核珠

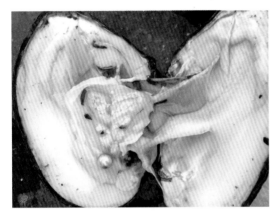

图1-3-123 收获的圆形淡水有核珍珠（一）

图1-3-124 收获的圆形淡水有核珍珠（二）

1.4 分类

1.4.1 不同分类方法

珍珠有不同的分类方法，见图1-4-1。对于珍珠市场而言，最常见的分类还是按产地对珍珠进行分类。

（1）成因分类

一般将珍珠按成因分为天然珍珠（pearl，natural pearl）和人工养殖珍珠（cultured pearl）两大类。此外还有在养殖蚌贝中偶然形成的天然珍珠——客旭珍珠（keshi pearl）。关于客旭珍珠属于天然珍珠还是养殖珍珠，较有争议。成因的分类见图1-4-2。

① 天然珍珠 天然珍珠是指在贝类或蚌类等双贝类软体动物体内，不经人为因素自然产生的分泌物，由碳酸钙（主要为文石）、有机质（主要为贝壳硬蛋白）和水等组成，呈同心层状或同心层放射状结构，呈珍珠光泽。

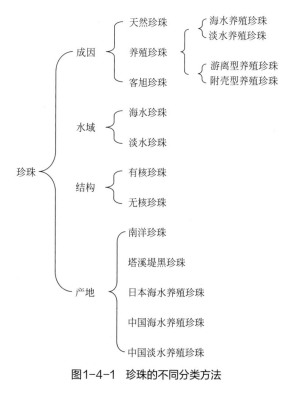

图1-4-1 珍珠的不同分类方法

由于天然珍珠过于稀少，采捕困难，价值十分昂贵，而且由于生长环境不稳定，外观品质往往没有养殖珍珠好，见图1-4-3。

② 养殖珍珠 养殖珍珠指在贝类或蚌类等双贝类软体动物体内珍珠质的形成物，珍珠层呈同心层状或同心层放射状结构，由碳酸钙（主要为文石）、有机质（主要为贝壳硬蛋白）和水等组成。无论是插核还是插片，这一过程都从人工干预开始。养殖珍珠见图1-4-4和图1-4-5。

由珍珠形成的过程可以看出，养殖珍珠和天然珍珠除了在最初植核阶段有所不同外，其他的形成过程以及生长环境是完全相同的。人工养殖珍珠只是使用技术手段促成了珍珠的成核、加快了珍珠的形成过程，对珍珠的品质并无多大影响。天然珍珠和养殖珍珠更多的是在稀有性等方面的有差异。

③ 客旭珍珠 客旭珍珠这一名称来源于

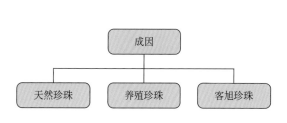

图1-4-2 珍珠的成因分类

图1-4-3 天然珍珠

图1-4-4 淡水养殖珍珠

图1-4-5 海水养殖珍珠

日语"罂粟种",因为这类珍珠微小无核,似罂粟种而得名。以前用来描述在养殖蚌贝中生长形状不定的无核子珠,包括从养殖软体动物中得到的任何偶然形成的珍珠,见图1-4-6和图1-4-7。现在一般用来描述数量较大,外表黑色、白色等,形状不规则的无核淡水、海水养殖珍珠。

　　理论上育珠贝、蚌都可以同时产出客旭珍珠。客旭珍珠形状各异,没有固定样式,价格低廉。好的客旭珍珠有强的晕彩、光泽和独特的形态。

　　此外,也有很多养殖人员和经营商将脱核珍珠称为客旭珍珠。脱核珍珠是指在有核珍珠养殖时,由于插核失误等原因,造成贝壳核和外套膜小片分离,珍珠囊仅围绕外套膜小片形成。此类珍珠一般个体较小,为异形,内部常有外套膜留下的空穴。收获时常与天然成因的客旭珍珠混在一起,也常一起使用,一同被称为客旭珍珠,见图1-4-8和图1-4-9。

　　再生珍珠(Second crop Keshi Pearl)也可称为二代经人工干预形成的客旭珍珠,其也有无核和有核两种养殖技术。

图1-4-6　海水客旭珍珠(马氏贝产)

图1-4-7　淡水客旭珍珠(三角帆蚌产)

图1-4-8　客旭珍珠(黑蝶贝产)

图1-4-9　客旭珍珠(马氏贝产)

　　无核再生珍珠的生产一般是采用开壳器将珠蚌撑开，在珍珠囊的一侧划一刀口，用开创针或顶珠叉把珍珠从珍珠囊里挤出来，使珍珠囊仍留在外套膜中，利用珍珠囊上皮细胞重新分泌珍珠质而形成珍珠。薄片状再生珍珠是使用培养有核纽扣珠的珠蚌作为再生珠珠蚌培养出的，见图1-4-10。

　　有核再生珍珠是在收获养殖珍珠后，用注射器或其他注射装置，在原产珍珠的珍珠囊部位，注入油、泥浆等液体，在珍珠囊生长出的新珍珠层会包裹液体，从而养殖成的一种液体泡珠。由于其内部为液体，轻轻摇动珍珠，可以感受到内部液体的晃动。由于这种珍珠的形态像法国甜点"Soufflé"，因此也被称为索菲珍珠（Soufflé pearl），或者水泡珍珠、泡芙珍珠等，见图1-4-11。这种再生珍珠个头大而质量很轻，特别适合做耳坠等饰品，因而在国际上很受欢迎。

图1-4-10　淡水再生珍珠（一）

图1-4-11　淡水再生珍珠（二）

　　再生珍珠与客旭珍珠的形成类似，但并不完全相同。客旭珍珠是在养殖蚌贝中天然形成的无核珍珠；再生珍珠是在已取出珍珠的养殖蚌贝体内原珍珠产出的位置，天然形成的无核珍珠，产出再生珍珠的珍珠囊已经产出过一次养殖珍珠。这样，一只河蚌可循环多次利用，资源利用率高，省工省本，养殖周期短，年经济效益高。

（2）水域分类

　　珍珠根据水域不同可划为海水珍珠和淡水珍珠，见图1-4-12。

　　海水珍珠（seawater pearl，marine pearl）是指在海水中贝类软体动物体内形成的珍珠，淡水珍珠（freshwater pearl）是指在淡水中贝类软体动物体内形成的珍珠。海水珍珠和淡水珍珠的生长环境、养珠贝种类等都不相同，珍珠的品质也可有一定的差异，特别是淡水养殖珍珠和

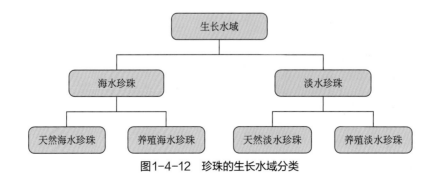

图1-4-12　珍珠的生长水域分类

海水养殖珍珠的品质存在较大差异。

天然珍珠包括天然海水珍珠（natural seawater pearl，natural marine pearl）和天然淡水珍珠（natural freshwater pearl）。天然海水珍珠是在海水中产出的天然珍珠，如我国历史上的"南珠"和其他海水中产出的天然珍珠等。天然淡水珍珠是在淡水中产出的天然珍珠，如我国历史上黑龙江流域产出的"北珠"。

养殖珍珠包括海水养殖珍珠（seawater cultured pearl）和淡水养殖珍珠（freshwater cultured pearl）。海水养殖珍珠是指在海水中贝类生物体内形成的养殖珍珠，见图1-4-13和图1-4-14。淡水养殖珍珠是指在淡水中蚌类生物体内形成的养殖珍珠，见图1-4-15和图1-4-16。

图1-4-13　海水养珠贝（金唇贝）

图1-4-14　海水养殖珍珠（金唇贝中产出的金色南洋珍珠）

图1-4-15　淡水养珠贝（三角帆蚌）

图1-4-16　淡水养殖珍珠（三角帆蚌中产出的淡水珍珠）

（3）珠核分类

根据有无珠核，珍珠主要可分为有核珍珠和无核珍珠，此外还有极少数的多次插核的养殖珍珠，见图1-4-17。

有核养殖珍珠是在人工手术时，植入蚌壳或其他材料，附于其上生长而成的珍珠。海水养殖珍珠和部分淡水养殖珍珠是有核养殖珍珠，见图1-4-18和图1-4-19。

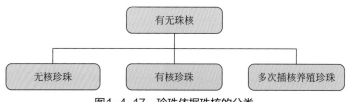

图1-4-17　珍珠依据珠核的分类

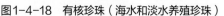

图1-4-18　有核珍珠（海水和淡水养殖珍珠）

图1-4-19　有核珍珠的剖开面（中间白色部分为珠核）

无核养殖珍珠是在人工手术时，仅插入外套膜小片而长成的珍珠。中国的淡水养殖珍珠多数属于无核养殖珍珠。此外，天然海水珍珠和天然淡水珍珠都属于无核珍珠。

多次插核淡水养殖珍珠，也称全珍珠质珍珠或纯珍珠质珍珠，是中国淡水养殖珍珠的品种，综合利用了无核和有核珍珠养殖技术。最初插入外套膜小片得到无核养殖珍珠，即无核珍珠；然后以该珍珠为核，进行二次插核，成为有核珍珠。依此可反复进行多次插核，得到直径较大的珍珠。由于生产成本等原因，这种珍珠并未大规模上市。

（4）附壳与否分类

珍珠根据是否附壳，可划分为贝附珍珠（hankei pearl）和游离珍珠，见图1-4-20。

图1-4-20　珍珠依据附壳与否的分类

常见的附壳养殖珍珠是在海水或淡水珠母贝的壳体内侧或在淡水河蚌的壳体内侧，特意植入半球形等非球形珠核而生成的养殖珍珠，珠核扁平面一侧常连附于贝壳上。插核后的该软体动物放入水中生活数年，珠核上面就会覆盖珍珠层，见图1-4-21。

几乎所有的育珠贝、蚌都可以产出附壳珍珠。通过这种附壳方式养殖出的珍珠，也称马贝珍珠（Mabe），或马白珍珠。Mabe来源于日本，该技术由日本首创。

海水马贝珍珠主要产于企鹅贝、黑蝶贝和白碟贝中，具有颗粒大、光泽强、表面光滑等特点，其直径约在10～30mm。由于企鹅贝珍珠层具有很强的晕彩，产出的马贝珍珠也具有这一特点，因而企鹅贝常被用于产出马贝珍珠。对于白蝶贝和黑蝶贝而言，更多情况下是一种形式的再生珍珠，或者附产珍珠。附壳珍珠核可在圆形珍珠收获或养殖过程中植入到育珠贝的内壁内套膜，经过两年左右的养殖就可以收获。

养殖成熟收获时，将半边珠从贝壳上切割下来，然后将海水贝附珍珠中的珠核去除，换上新的贝壳等核，或用蜡充填其间，然后再拼上一块珠母层，加工成一半球形的拼合珍珠，见图1-4-22。

淡水贝附珍珠分为两种情况。一种是刻意生产的佛像、人像，以及各种几何形状的贝附珍珠，此类为通常意义上的贝附珍珠，见图1-4-23～图1-4-25。还有一种是淡水养殖珍珠因为植核的原因，部分珍珠的一侧会粘在贝壳上，不能形成游离的珍珠囊，形成无核的淡水贝附珍珠；收获后一般直接使用，或将其与珠母贝分离后使用，见图1-4-26。

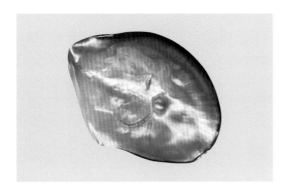

图1-4-21 马贝珍珠（一）

图1-4-22 马贝珍珠（二）

图1-4-23 淡水贝附珍珠（一）

图1-4-24 淡水贝附珍珠（二）

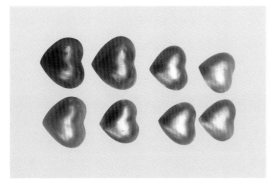

图1-4-25 淡水贝附珍珠（三）

图1-4-26 淡水贝附珍珠（四）

游离珍珠是在软体动物体内由完整的珍珠囊生成的珍珠，即不与珠母贝粘连的珍珠。通常所说的淡水珍珠、海水珍珠属于此类，见图1-4-27和图1-4-28。

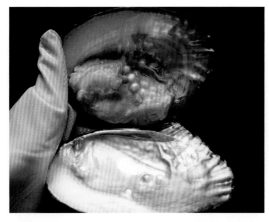 

图1-4-27　淡水蚌体内的游离珍珠　　　图1-4-28　淡水贝附珍珠（观音像）和黑色海水游离珍珠

（5）产地分类

养殖珍珠的产地分类见图1-4-29。在商业上习惯将珍珠按照产地分类，这也是珍珠主流的分类方法。

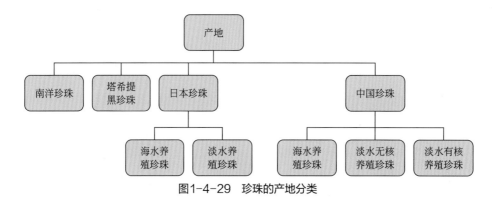

图1-4-29　珍珠的产地分类

1.4.2　南洋珍珠

南洋珍珠（south sea pearl）主要产自南太平洋海域沿岸国家，生长在大珠母贝（*Pinctada maxima*）中，白色的珍珠产在白蝶贝（white-lipped oyster）中，金色珍珠产在金唇贝（gold-lipped oyster）中。

（1）基本特征

大部分南洋珍珠产自西澳大利亚，以粒度大、形状好、少瑕疵闻名，属于名贵的珍珠品种。其基本特征见表1-4-1和图1-4-30～图1-4-33。

（2）养殖历史

主要产地为澳大利亚、菲律宾、印度尼西亚等。其中澳大利亚占总产量的50%以上，以白色珍珠和金黄色珍珠为主。

表1-4-1　南洋珍珠基本特征

珠母贝	大珠母贝，包括白蝶贝和金唇贝
珠母贝尺寸	可达30cm
种类	海水有核养殖珍珠
颜色	淡到浓金黄色（养珠贝为金唇贝），见图1-4-30和图1-3-31； 白色（养珠贝为白蝶贝），见图1-4-32和图1-3-33
大小	9～19mm，可达25mm或更大
形状	主要为圆形、椭圆形等，可有随形、纽扣形及不规则的异形
产出地	澳大利亚、印度尼西亚、菲律宾、越南、缅甸及泰国

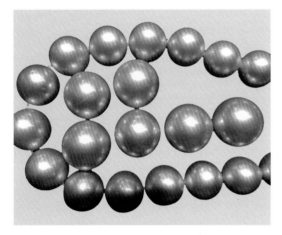

图1-4-30　金色南洋珍珠（一）

图1-4-31　金色南洋珍珠（二）

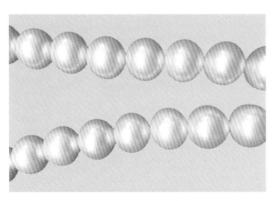

图1-4-32　白色南洋珍珠（一）

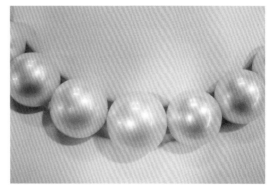

图1-4-33　白色南洋珍珠（二）

　　澳大利亚是最大的南洋珍珠出产国，其商业珍珠养殖业始于1956年。澳大利亚多年来重视珍珠的质量，其珍珠平均大小的增长率比产量的增长率大出许多。澳大利亚投入大量资源使打捞珠贝、照顾珠贝、植核和插片手术、收成、分选、包装以及首饰制作等各阶段更专业化。南洋珍珠独特优良的品质是其在珍珠市场上长期保持领导地位的主要原因，如一粒15mm的澳大利亚白色南洋珍珠的珍珠层厚度可达4mm，并可具优异的光泽。其价高的另一个原因是稀有，全球每年销售约3.3t未经过改良或处理的天然南洋珍珠，其中具优良光泽及适合镶嵌的优良珠不足35%。澳大利亚还重视首饰设计与制作。其出口产品也因此不断拓宽，近年来异形珍珠成为澳大利亚出口的重要组成部分。

南洋珍珠的养殖中使用一半左右的野生蚌；在养殖珍珠之前一般用3年时间培育珠蚌，珠蚌成熟至适合养殖珍珠后，通过2～4年的养殖后才首次收珠。

1.4.3 塔溪提黑珍珠

塔溪提黑珍珠因产于法属波利尼西亚的塔溪提岛（Tahiti）且主要为黑色而得名，也有译作"塔希堤黑珍珠"或"大溪地黑珍珠"，也称黑色南洋珍珠，生长在黑蝶贝（*Pinctada margaritifera*，black-lip pearl oyster）中。

（1）基本特征

黑蝶贝生产的珍珠直径为10～20mm，颜色从黑色到银灰色，伴色主要为茄紫红色以及深绿色稍带孔雀色等，其中带有孔雀绿伴色的黑珍珠最受喜爱。其基本特征见表1-4-2和图1-4-34～图1-4-37。

表1-4-2　塔溪提基本特征

珠母贝	黑蝶贝
珠母贝大小	可达30cm
种类	海水有核养殖珍珠
颜色	银灰、灰色、黑色
伴色	绿色、蓝色、红色等
大小	常见9～18mm，最大可达27mm
形状	常见圆形、椭圆形、异形等
产出地	法属波利尼西亚的塔溪提岛、库克群岛（the Cook Islands）、彭林岛和墨西哥湾等

图1-4-34　塔溪提珍珠的颜色（一）

图1-4-35　塔溪提黑珍珠的颜色（二）

（2）养殖历史

世界上优质黑珍珠主要来自塔溪提，产珠的黑唇贝属于暖水品种，其主要的栖息地是波利尼西亚的大环礁。其养珠业始于1962年。1965年得到了优质的珍珠。1975年美国宝石学院GIA认可养殖黑珍珠是"一种具有天然颜色的养殖珍珠"。最初在1977年出口只有6kg，约18.2万美

图1-4-36　塔溪提黑珍珠的伴色

图1-4-37　圆形的塔溪提黑珍珠

元；到1996年已达5.48t，1.56亿美元；2003年产量达11t；自2004年，法属波利尼西亚政府成功地将产量控制在8～9t，以确保质量和增加产值。

除了限制产量以外，法属波利尼西亚政府对所有塔溪提珍珠养殖商实施注册制度，并向他们提供养殖技术和推广技巧的培训课程。养殖户只能在珍珠和珠贝中选择其一；养殖户必须接受一连串的养殖技术和推广技巧，才可以获得注册以养殖珍珠或珠贝，以及取得贸易资格和出口证。而且成立专门的检测机构，对所有出口的珍珠质量进行检测，尺寸、珠层厚度、光泽不合格的珍珠不允许出口，以此确保珍珠质量与消费者的信心。

另外成立包括生产商和法属波利尼西亚政府在内的非赢利的组织，致力于在海外推广塔溪提黑珍珠，在全球加强宣传，从而提高塔溪提黑珍珠的知名度。

1.4.4　日本海水养殖珍珠

日本海水珍珠，也称阿谷屋（Akoya）珍珠，珠母贝为马氏贝（*Pinctada fucata martensii*，在日本称作Akoya贝）。由于日本最先用这种贝类养殖珍珠并大量出口，国际中通常把用马氏珠母贝养殖的珍珠称为Akoya珍珠。马氏珠母贝也广泛分布于朝鲜、中国、斯里兰卡沿岸等海域。因此，Akoya珍珠以前专指日本海水养殖珍珠，但现今的Akoya珍珠并不全部来自日本。

（1）基本特征

Akoya珍珠以小、圆、光泽强、伴色强而闻名，在商业上有"小灯泡"的美誉，优质者具有强粉伴色的珍珠，也被称为"樱花粉""天女珠"等。其基本特征见表1-4-3、图1-4-38和图1-4-39。

表1-4-3　基本特征

珠母贝	主要为马氏贝
珠母贝大小	6～8cm
种类	海水有核养殖珍珠
颜色	主要为白色、奶油色
伴色	粉红等
大小	常见7～10mm，超过10mm者罕见
形状	常为圆形
产出地	日本、韩国、越南、澳大利亚等

图1-4-38　白色和奶油色的Akoya珍珠

图1-4-39　不同伴色的Akoya珍珠

（2）养殖历史

日本的养珠业已有一百多年的历史，其海水珍珠产量曾多年居世界首位。1893年御木本幸吉发展了一种类似在中国使用过的技术，用珍珠成分胶结法第一次成功养殖出半圆形的珍珠。方法是在贝壳内贴上一个球状或半球状的核，一段时间后核上会覆盖一层半球形的珍珠层，切下后就是半球形的珍珠。1907年西川藤吉进一步完善了养殖技术，培育出了圆形的珍珠，这种技术一直沿用至今。1957年，日本珍珠产量超过24.3t，成为世界养殖珍珠的中心；1960年日本珍珠产量突破60t，1966年日本珍珠产量更是高达147t。在20世纪70年代以后，日本珍珠生产量和出口量有所下降，但平均年产量也大多在50～60t以上，出口量大多在40～50t以上；90年代以后由于海水污染、自然灾害严重、生产成本等问题，珍珠产量急剧下降。

同时，日本对珍珠生产战略也进行了调整：一方面采取输出技术的办法到澳大利亚、东南亚等国指导养殖，另一方面大量进口珍珠，利用其先进的漂白等优化工艺，把其经加工升级后和本土产珍珠一起出口外销。并由有关方面设置了海外珍珠养殖事业振兴会，以法律形式，根据下列原则对日本的珍珠养殖技术、加工工艺等进行保护：不公开、不传授养殖技术；生产的珍珠销售权归于日本等。

正是得益于重视海水珍珠养殖技术的探索、创新和保护日本先进的养殖、优化处理及珍珠加工工艺，虽然在产量上日本本国的海水养殖珍珠难以再续昔日辉煌，但在珍珠业产值和出口贸易方面依旧举足轻重，如在2003年日本珍珠出口就达10亿美元。

1.4.5　日本淡水养殖珍珠

20世纪40年代，日本养殖者用珠母蚌外套膜作核，获得成功，于是淡水珍珠养殖业迅速发展起来。日本最大的淡水湖琵琶（Biwa）湖曾是最重要的淡水养珠基地，其产品为淡水无核养殖珍珠，也称作琵琶珠（Biwa pearl）。珠母贝为许氏帆蚌，也称池碟蚌（Biwa pearly mussel, *Hyriopsis schlegelii*）。

自20世纪70年代末，由于琵琶湖被严重污染，淡水养珠业急剧萎缩。曾有报道，自2006年起，日本已停止淡水珍珠的养殖。

1.4.6　中国海水养殖珍珠

珠母贝主要为马氏贝。中国产的海水珍珠，也可称为Akoya珍珠。在国际上，有将中国海水养殖珍珠归为Akoya珍珠，也有将其单独分类。

（1）基本特征

中国海水养殖珍珠主要为白色，产品8.5mm以下是主流，其基本特征见表1-4-4和图1-4-40～图1-4-43。

表1-4-4　中国海水养殖珍珠基本特征

珠母贝	主要为马氏贝（*Pinctada fucata*）
珠母贝大小	6～8cm
种类	海水有核养殖珍珠
颜色	主要为白色、奶油色
伴色	粉红色、绿色等
大小	一般为5～8.5mm
形状	常为圆形
产出地	集中在中国南部的广西、广东、海南等的沿海地区，如广西的北海、合浦、钦州、营盘，海南的陵水、临高等

图1-4-40　中国海水养殖珍珠（一）

图1-4-41　中国海水养殖珍珠（二）

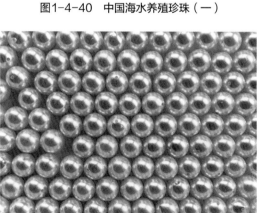

图1-4-42　中国海水养殖珍珠（三）

图1-4-43　中国海水养殖珍珠（四）

（2）养殖历史

我国北部湾沿岸的先民在历史上最早进行了采集和养殖珍珠，这一带的珍珠素有"南珠"之称，但近代的养殖则是于1958年在合浦开始的珍珠养殖试验。1961年我国第一个人工养殖珍珠贝珠池在北海东海湾建立，1965年成功收获。

1978年后，中国海水养殖珍珠迅猛发展，由年产量372kg发展到1990年4.5t，到1995年达27.2t。但20世纪90年代中期中国海水珍珠养殖业陷入盲目扩张，曾造成产量剧增、价格下降、质量下降和众多养珠农户亏损。经过多年调整和发展，目前我国海水养殖珍珠年产量基本稳定，质量逐渐提高。

1.4.7 中国无核淡水养殖珍珠

无核淡水养殖珍珠之前主要使用两种珠母贝：三角帆蚌（triangle shell mussel, *Hyriopsis cumingii*）和皱纹冠蚌（cockscomb pearl mussel, *Cristaria plicata*）。皱纹冠蚌的产量大，质量低；三角帆蚌产量小，但质量高。皱纹冠蚌的一个蚌壳可插50个外套膜，每边25个，即产50颗珍珠；三角帆蚌的一个蚌壳可插24～32个外套膜，每边12～16个，即产24～32颗珍珠。

目前中国长江中下游重要的养殖基地主要使用三角帆蚌。

（1）基本特征

中国无核淡水养殖珍珠5～11mm是主流，其基本特征见表1-4-5和图1-4-44～图1-4-55。

表1-4-5 中国无核淡水养殖珍珠基本特征

珠母贝	主要为三角帆蚌
珠母贝大小	16～20cm
种类	淡水无核养殖珍珠
颜色	白色、橙色、紫色、粉色
伴色	粉红等
大小	一般为5～11mm
形状	常为圆形、算盘珠、馒头形、椭圆形、米粒形、水滴形等；还有连体珠等
产出地	主要在我国长江中下游省份，如湖南、湖北、江西、安徽、浙江、江苏等

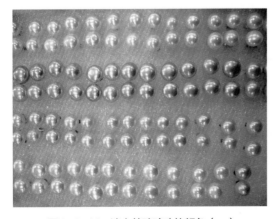

图1-4-44 淡水养殖珍珠的颜色（一）

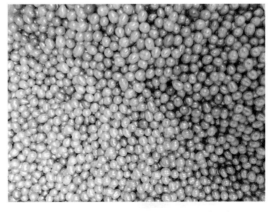

图1-4-45 淡水养殖珍珠的颜色（二）

图1-4-46　近圆形淡水养殖珍珠

图1-4-47　圆形淡水养殖珍珠

图1-4-48　椭圆形淡水养殖珍

图1-4-49　水滴形淡水养殖珍珠

图1-4-50　米粒形淡水养殖珍珠

图1-4-51　馒头形和算盘珠形淡水养殖珍珠

图1-4-52　馒头形淡水养殖珍珠

图1-4-53　连体淡水养殖珍珠

图1-4-54 "十字"形淡水无核连体养殖珍珠

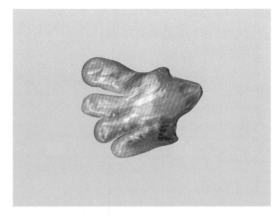

图1-4-55 异形淡水无核连体养殖珍珠

（2）养殖历史

中国近代的淡水珍珠养殖则是于20世纪60年代中期在与日本琵琶湖自然条件类似的太湖进行，在1968年成功养殖出无核淡水养殖珍珠。此后，养殖区域扩展到长江中下游。20世纪60年代末70年代初，开始进行有组织的大量商业化养殖。

1983年农村联产承包责任制的施行，使大量水塘被用于珍珠养殖，珍珠养殖业进入第一个新高峰。1984年江苏渭塘镇农民自发建立了全国第一个专业珍珠交易市场。1985年诸暨珍珠市场建成使用。1989年国家允许流通过程中的有限制开放。1992年珍珠统一经营制度被取消，珍珠产业进入爆炸式快速发展期。1992～2005年，价格跌至116～333美元/kg。2007年，淡水养殖珍珠产量达到历史最高峰，约为1800t。之后产量开始逐步下降，质量逐步提高。

1.4.8 中国有核淡水养殖珍珠

（1）基本特征

中国有核淡水养殖珍珠依据珠核不同，可有各种形状，尺寸可达20mm，甚至更大。其基本特征见表1-4-6和图1-4-56～图1-4-63。

表1-4-6 中国有核淡水养殖珍珠基本特征

珠母贝	主要为三角帆蚌
珠母贝尺寸	6～8cm
种类	淡水有核养殖珍珠
核类型	主要为贝壳核，极少数为珍珠核
颜色	白色、橙色、紫色、粉色、青铜色
伴色	粉红等
大小	一般为11～20mm
形状	依据珠核不同而不同，常为圆形、异形、纽扣形、方形等形状
鉴定特征	常有逗号状"尾巴"，或"尾巴"处为空洞
产出地	主要集中在浙江、安徽等长江中下游省份，以及广东等

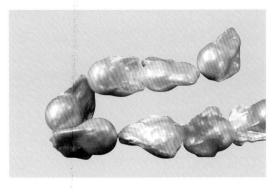

图1-4-56　带"尾巴"的淡水有核养殖珍珠（一）

图1-4-57　带"尾巴"的淡水有核养殖珍珠（二）

图1-4-58　带"尾巴"的淡水有核养殖珍珠（三）

图1-4-59　各种形状的淡水有核养殖珍珠

图1-4-60　心形的淡水有核养殖珍珠

图1-4-61　五角形的淡水有核养殖珍珠

图1-4-62　纽扣形的淡水有核养殖珍珠（一）

图1-4-63　纽扣形的淡水有核养殖珍珠（二）

（2）养殖历史

有核淡水养殖珍珠在20世纪70年代初步试验成功，在21世纪初获得商业上的成功。有核淡水养殖珍珠见图1-4-64。

2001年，有以珍珠为核、多次插核养殖得到的"全珍珠质多次插核淡水养殖珍珠"上市的报道。全珍珠质多次插核珍珠是以珍珠为核，多次插核，形成的全珍珠质淡水有核珍珠，见图1-4-65。

在2009年左右，各种异形的淡水有核养殖珍珠开始大量上市。2012年左右，超过11mm的正圆有核养殖珍珠规模化养殖成功。与常规珍珠插核部位不同的正圆形淡水有核养殖珍珠，因发明大王爱迪生而得名。据说爱迪生曾说"我可以发明很多东西，但是却无法在实验室中制造出珍珠"，因此研发养殖出该类有核珍珠的公司，便把此类有别于以往插核部位的有核淡水养殖珍珠以"爱迪生"来命名，以弥补发明大王的缺憾。"爱迪生"珍珠并非都是正圆的，表面常有皱起、斑点等缺陷，优良品率约为30%。"爱迪生"珍珠见图1-4-66～图1-4-73。

图1-4-64　淡水有核养殖珍珠

图1-4-65　多次插核的淡水有核养殖珍珠

图1-4-66　12～13mm的"爱迪生"珍珠项链

图1-4-67　14～15mm的"爱迪生"珍珠

图1-4-68　18～19mm的"爱迪生"珍珠

图1-4-69　"爱迪生"珍珠的颜色

图1-4-70　"爱迪生"珍珠的颜色与光泽

图1-4-71　"爱迪生"珍珠的光泽

图1-4-72　"爱迪生"珍珠表面的皱起

图1-4-73　非正圆的"爱迪生"珍珠

1.5　优化处理

珍珠的优化处理主要有：收珠清洗以后的漂白或者保色；上光；染色；"热处理"；辐照处理、附膜、充蜡等。

此外还有打孔、雕刻等工艺处理。

1.5.1　漂白增白、保色与上光

收获后的珍珠，一般需要进行清洗、分选、漂白增光或保色、抛光等程序。不同珍珠种类、不同国家、不同公司的优化处理技术、工艺等并不相同。图1-5-1为浙江诸暨淡水养殖珍珠部分厂家的工艺方法和流程。

（1）珍珠的清洗与打孔

珍珠在双壳类软体动物内由有机组织包裹，因此刚收获的珍珠表面也会有有机组织等污渍，见图1-5-2和图1-5-3。

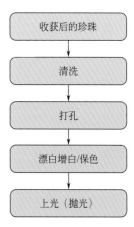

图1-5-1　珍珠收获后优化处理工艺的流程

图1-5-2　刚收获的珍珠（一）

图1-5-3　刚收获的珍珠（二）

　　珍珠收集后要立即洗涤，将表面的污垢清洗干净。如果收获后的珍珠，没有得到及时、有效的清洗，软体动物的黏液会污损珍珠的表面，见图1-5-4和图1-5-5。

图1-5-4　未清洗的珍珠和珠母贝

图1-5-5　未清洗的珍珠

　　一般将收获后的珍珠使用清洁剂浸泡几天后，使用蒸馏水冲洗，晾干。不同的加工厂所使用的清洁剂和工艺不同。珍珠的清洗见1-5-6和图1-5-7。

图1-5-6　清洗珍珠（一）

图1-5-7　清洗珍珠（二）

　　珍珠如只进行普通的清洗，并不能完全去除表面及渗入在微细孔隙里的有机黏液等，短时间后珍珠的颜色和光泽可能会受到影响，见图1-5-8和图1-5-9。因此珍珠还需要进行漂白增白或保色等处理工艺。

　　清洗后的珍珠，一般先按大小、颜色、光泽、形状、瑕疵等进行分选，见图1-5-10～图1-5-13。

　　分选后的珍珠可先打孔，或直接进入漂白增光等优化程序。

图1-5-8　只经过普通清洗的珍珠（一）

图1-5-9　只经过普通清洗的珍珠（二）

图1-5-10　清洗后待分选的珍珠

图1-5-11　珍珠的分选车间

图1-5-12　分选珍珠（一）

图1-5-13　分选珍珠（二）

质量高、表面完美、颗粒大的珍珠则无须先打孔，直接进入到漂白增白或保色的程序。此类珍珠一般在制作成首饰时再打孔，可用作吊坠、耳环等使用。

分选出的瑕疵较重珍珠，通常都先进行打孔，一般作项链等使用。打孔的目的是加强漂白液染料的渗透作用。不打孔，漂白液不易通过这一薄层的间隙渗透到珍珠内部。

打孔前会预先在打孔处做标记，一般为瑕疵最重的位置。如果用作项链等，则将珍珠打成通孔，即孔贯穿整个珍珠；如果用作吊坠、耳钉等使用，只打半孔，留作珠镶使用。处理前工厂打孔见图1-5-14和图1-5-15，处理后单粒珍珠的打孔机、打孔见图1-5-16和图1-5-17。

（2）珍珠的漂白增白

刚收获的珍珠即使经过清洗，也并不能完全去除珍珠层在生长过程中进入的一些杂质和黄褐色生色基团，影响珍珠美观。此外，很多浅色的珍珠、不均匀的白色和浅色珍珠等，其本身的颜色并不如白色受欢迎，且比较难搭配成项链等，漂白能使这些珍珠变为更受欢迎的白色，在商业上也更有价值。早在1924年，人们就将漂白法广泛用于天然珍珠和养殖珍珠。

珍珠的漂白包括预处理、漂白和增白。各个加工工厂的工艺不同，且处于严格保密状态，即使工厂内部，也只有极少数人能接触到。

漂白的主要对象是白色、浅色、颜色不均匀的珍珠。

预处理是珍珠漂白的重要步骤，直接影响到后序工艺的效果。公开披露的资料中，有用氨水和苯的混合液对珍珠进行膨化处理，以使结构变得"疏松"，膨化处理后再采用无水乙醇或是纯

图1-5-14 工厂打孔（一）

图1-5-15 工厂打孔（二）

图1-5-16 单粒珍珠打孔机

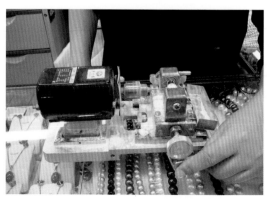

图1-5-17 单粒珍珠打孔

甘油作脱水剂脱去珍珠内的缝隙水和吸附水；或使用水煮（蒸）数小时使珍珠层膨化；或高温下预先用强光照几小时使颜色淡化。

漂白是指珍珠在一定配方组成的漂液中，经过适当工艺处理的过程。日本、中国及东南亚诸国对该技术的研究较多，以日本研究技术最为先进，已采取第三代、第四代漂白技术，而我国仍主要是采取以H_2O_2为漂白剂的液相漂白方法。

一般情况下，会用双氧水稀释后作为漂白剂，双氧水浓度比例要适当，量小了达不到效果，超量则会破坏珍珠结构。加入氨水等化合物使漂白液最终变成弱碱性。

影响漂白效果的因素主要是漂白剂配方组成和漂白的工艺条件。对于白色和浅色珍珠来说，漂得越白，珍珠的质量显得越好，价格也就越高。在这个过程中漂白液的配比很关键。漂白液主要由漂白剂、活性剂、稳定剂、溶剂等几部分组成，每种组分在漂白过程中所起的作用是不同的，起主要作用的是漂白剂，其他各组分起助剂作用，能有效促进漂白，提高漂白效果及进程，使漂白珠各项指标均能达到较满意的效果。

曾经公布的较佳的漂白液配方和漂白工艺为30%的H_2O_2、乙醇和水按1∶3∶6的体积比混合；并加入0.25%的十二烷基硫酸钠为活性剂，0.25%的硅酸钠为稳定剂；清洗后的原珠经过2～6h的水煮预处理后，在日光灯下，水浴恒温40℃，pH值8～8.5，经过24～60h漂白，即能达到较理想的漂白效果。

煮珠时间取决于珠体大小及颜色深浅，体大色深时间长些；漂珠时间因珠体大小、颜色深浅、煮珠时间、漂液中H_2O_2含量等因素影响而有差异。延长煮珠及漂珠时间均可使微孔数量及深度增加，引起部分钙晶体与壳角蛋白的脱离，从而导致珠体强度下降，最终可使珠体变脆以至松散，珠体表面出现斑点、脱皮，失去光泽，从而使珍珠完全失去使用价值，因此，煮珠及漂珠时间的控制也至关重要。

增白是整个漂白增白过程中最关键的步骤。各生产厂家用的配方和工艺不同。对于厂家来说，这部分是最高技术机密。增白不但可以提高珍珠的白度，还可在一定程度上提高珍珠的光泽，使珍珠产生更明亮的视觉效果。优质增白剂的特点是能被珍珠层的微细孔所吸收，而且不易立刻冲洗掉，并可增强珍珠层的白度，使珍珠更为洁白明亮。

珍珠漂白后，用蒸馏水洗涤，也可使用超声清洗机提高效率。将珍珠放入抽滤器中抽滤，使里面成为真空，之后打开活塞，将增白液倒入，再将珍珠与增白液一起移入宽口玻璃瓶内，浸泡一定的时间。在珍珠浸泡的过程中需观察珍珠颜色的变化，浸泡的时间和次数视珍珠的白度而定。

珍珠的漂白增白见图1-5-18～图1-5-27。

图1-5-18　待漂白增白的浅色珍珠

图1-5-19　珍珠的漂白和增白试剂

图1-5-20 正在漂白增白的珍珠（一）

图1-5-21 正在漂白增白的珍珠（二）

图1-5-22 正在漂白增白的珍珠（三）

图1-5-23 正在漂白增白的珍珠（四）

图1-5-24 正在漂白增白的珍珠（五）

图1-5-25 正在漂白增白的珍珠（六）

图1-5-26 珍珠漂白增白后晾干

图1-5-27 漂白增白后的珍珠

（3）保色

有色珍珠的颜色如果较深或受市场欢迎，则不漂白，转而进行另一项工序——"保色"。由于此工序为固化珍珠的颜色，因而被厂家俗称为"保色"。保色的对象主要为深色珍珠和颗粒大的有色珍珠等。

保色的试剂和工艺也是厂家最重要的技术机密之一。一般是将清洗后的珍珠与保色试剂置于广口瓶中，避光放在一定温度的恒温水浴铁箱中，一定时间后取出，晾干。保色的试剂、装置以及珍珠的保色工艺见图1-5-28～图1-5-35。

图1-5-28　保色的试剂

图1-5-29　保色使用的恒温水箱

图1-5-30　待保色的珍珠

图1-5-31　珍珠的保色（一）

图1-5-32　珍珠的保色（二）

图1-5-33　珍珠的保色（三）

图1-5-34 珍珠的保色（四）

图1-5-35 保色后的烘干

（4）上光

上光，即抛光，也是做完增白、保色工艺后的最后一道工序。好的上光可增强漂白、增白的效果。

不同厂家的抛光材料也略有不同。常见的抛光材料有：玉木芯和蜡；光滑的核桃壳和蜡；小竹青三角片、木块、核桃壳、熟羊皮小块等物浸在液体蜡里，去掉水分；小竹片、小石头及石蜡；也有用木屑、颗粒食盐、硅藻土等。不同厂家的抛光材料见图1-5-36和图1-5-37。

将抛光材料放入抛光机里，将已漂白、增白、染色、晒干的珍珠也放在抛光机里一起转动，将珍珠的珍珠层表面打光，以增加珍珠的光洁度和光泽，见图1-5-38和图1-5-39。

图1-5-36 抛光的材料（一）

图1-5-37 抛光的材料（二）

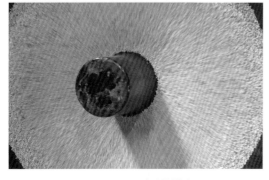

图1-5-38 珍珠的抛光

图1-5-39 抛光后的珍珠

1.5.2　染色

由于海水和淡水珍珠的天然颜色较少，远远不能满足市场和装饰的需要。改变珍珠颜色的方法中，染色处理是相对而言最简易的，因此也是应用最广泛的。染色可以通过有机、无机的染剂，将浅色加深，也可以将白色的珍珠染成各种颜色。染色可应用于各种珍珠。

（1）染色方法

在进行前处理之后，可将珍珠浸于某些特殊的化学溶液中上色。通过不同颜色的染剂，可以将珍珠染成各种颜色。

如用冷高锰酸钾作染料，可染成棕色；通过钴（Co）盐等染料可以将海水珍珠染成灰色，以仿天然颜色的"真多麻"（灰色日本海水养殖珍珠）。也可以用其他无机染料或有机染料将珍珠染成其他颜色。不同颜色的染色珍珠，见图1-5-40～图1-5-49。

为了使染料能从珍珠层的间隙进入内部，可将珍珠事先钻孔，把染料注入孔洞中，进行染色。

市场上最常见的是染色黑珍珠，是将其他色系的珍珠通过银盐处理，把珍珠层染成完全不透明的纯黑色。将珍珠通常浸泡在稀硝酸银和氨水溶液中，然后将样品放在阳光下或在硫化氢气体中还原，变成黑色。染色黑珍珠在光照和受热条件下稳定。部分珍珠需要多次染色，才能达到效果。珍珠的染黑处理见图1-5-50～图1-5-55。

图1-5-40　染色淡水养殖珍珠和珠母贝

图1-5-41　染色淡水养殖珍珠（一）

图1-5-42　染色淡水养殖珍珠（二）

图1-5-43　染色淡水养殖珍珠（三）

图1-5-44 染色淡水养殖珍珠（四）

图1-5-45 染色南洋海水养殖珍珠

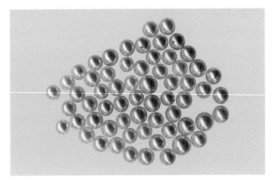

图1-5-46 染色中国海水养殖珍珠（一）

图1-5-47 染色中国海水养殖珍珠（二）

图1-5-48 染色日本海水养殖珍珠（一）

图1-5-49 染色日本海水养殖珍珠（二）

图1-5-50 染色海水养殖珍珠的车间

图1-5-51 第一次染色后晾干的海水养殖珍珠

图1-5-52　二次染色后的海水养殖珍珠

图1-5-53　完成染色的海水养殖珍珠

图1-5-54　染色淡水养殖珍珠（一）

图1-5-55　染色淡水养殖珍珠（二）

（2）鉴定特征

① 肉眼和放大检查　珍珠染色处理的原料一般为钻孔、光泽或颜色不佳的珍珠，且染色前钻孔利于染剂的扩散。但是除了黑色外，其他颜色的染色处理一般较难做到全珍珠层颜色均一，见图1-5-56和图1-5-57。

染色珍珠最重要的鉴定特征之一就是钻孔处的特征。这是由于染剂一般会沿钻孔渗入，因此极易在此处富集。此外，在表面的瑕疵凹坑处会有色料的沉积，比其他光滑的珍珠层颜色深。

图1-5-56　染色淡水养殖珍珠剖面（一）

图1-5-57　染色淡水养殖珍珠剖面（二）

染色珍珠的表面放大检查可见色斑，表面有点状沉淀物；表面珠层往往受到腐蚀，可见到腐蚀的痕迹、细微折皱和不自然的斑点或粉末，甚至可有珍珠层脱落。

对于染色黑珍珠而言，一般为纯黑色，颜色均一，光泽差，晕彩、伴色不自然，常出现异常的金属光泽或晕彩。钻孔附近常可见到药品处理过的痕迹，周围常有发黄或其他不同于其他部位的颜色出现。

染色珍珠的肉眼和放大观察等鉴定特征见图1-5-58至图1-5-69。

图1-5-58 染色海水养殖珍珠的钻孔处特征（一）

图1-5-59 染色海水养殖珍珠的钻孔处特征（二）

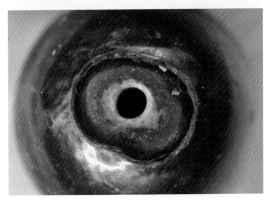

图1-5-60 染色海水养殖珍珠的钻孔处特征（显微镜下）

图1-5-61 染色淡水养殖珍珠的颜色在钻孔和瑕疵处加深

图1-5-62 黑色染色淡水养殖珍珠的光泽和伴色

图1-5-63 黑色染色淡水养殖珍珠的金属光泽

图1-5-64　黑色染色淡水养殖珍珠表面不自然斑点

图1-5-65　黑色染色淡水养殖珍珠表面珍珠层脱落
等受腐蚀的痕迹

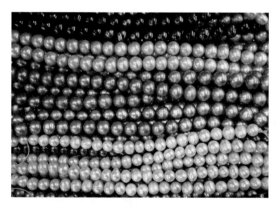

图1-5-66　出现非淡水养殖珍珠常见的颜色（一）

图1-5-67　出现非淡水养殖珍珠常见的颜色（二）

图1-5-68　出现非日本海水养殖珍珠常见的颜色

图1-5-69　出现非中国海水养殖珍珠常见的颜色
（白色除外）

　　② 紫外荧光　在长波紫外线下照射，天然黑珍珠可呈暗红棕色、红色的荧光，而染色黑珍珠的荧光为惰性或暗绿色荧光。

　　③ 照相法

　　a. X射线照相法　利用珠核、有机质、文石等材料对X射线透过程度不同，银不透过X射线的性质，在X射线照相底片的不同颜色加以区别：在天然黑珍珠X射线照相底片上可见到在珍珠质层、硬蛋白质和珠核之间有一明显的连接带；银盐处理的染色珍珠，银通常沉积在珍珠层和珠核之间的有机硬蛋白质层中，使照片上只呈现白色条纹。

b. 红外线照相法　利用天然黑珍珠与染色黑珍珠对红外线的反射作用不同，所拍摄的底片上天然珍珠显示青色像，而染色黑珍珠显示青绿色至黄色像。

④ 微损鉴定　用蘸稀盐酸或丙酮的棉签在不起眼处擦拭，天然珍珠不掉色，而染色珍珠会留下黑色污迹。在钻孔处轻刮珍珠，天然黑珍珠呈白色粉末，染色黑珍珠呈黑色粉末。

⑤ 拉曼光谱　虽然不同染色工艺处理的黑珍珠有不同的拉曼谱峰，但一般可见极强的1084cm^{-1}附近文石峰、中等强度的702cm^{-1}峰，以及染料峰等。

1.5.3　辐照

（1）方法

珍珠辐照处理一般采用 γ 射线辐射法，这项技术在1960年就已经存在了。γ 射线辐射法所用放射源为^{60}Co，强度相当于100Ci（1Ci=3.7×10^{10}Bq），辐射距离约1cm，辐照时间为20min。

淡水养殖珍珠经辐照处理后可变成以黑色、银灰色为体色，并带有绿、蓝、红等明亮的伴色的黑珍珠。海水珍珠的珍珠层辐照后不变色，使用淡水蚌壳作珠核的海水珍珠辐照后珠核颜色加深。

辐照的剂量和时间应当恰当。如果剂量或时间不够，珍珠只是变灰，并不能出现理想的黑色。一般来说，辐照的剂量和时间与珍珠样品的颜色加深成正相关；但当超过一定点时，也就是当剂量过大和时间过长时，所辐照的珍珠的晕彩会减弱，甚至出现珍珠层片状脱落。

辐照后珍珠在紫外灯和日光下稳定。将辐照珍珠分别曝于日光与紫外灯下，经过几十小时，颜色未发生肉眼能觉察的变化。样品经过半年以上一般条件下的保存，辐照后珍珠的颜色也未发生变化。

（2）鉴定特征

由于海水珍珠不适合辐照改色，因而一般对淡水无核养殖珍珠进行处理，见图1-5-70和图1-5-71。

其鉴定特征如下：

图1-5-70　辐照淡水养殖珍珠

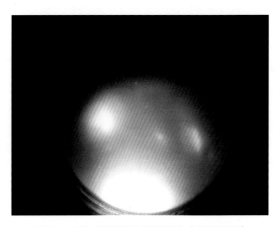

图1-5-71　辐照淡水养殖珍珠（显微镜下）

① 放大检查　与养殖珍珠类似。

② 荧光特征　在长波紫外灯下 γ 射线辐照处理的淡水养殖珍珠均显现极强的绿色荧光；从市场上购买的两粒未知辐照源辐照处理的淡水养殖珍珠也发强绿色荧光，略弱于 γ 射线辐照处理的淡水养殖珍珠。辐照海水珍珠荧光为中到强蓝白色；天然黑珍珠一般发红色到褐红色的荧光。在短波紫外灯下，辐照珍珠显现中到弱的绿色荧光，而天然黑珍珠则一般不发光。

③ 阴极射线发光特征　阴极射线下，辐照后珍珠结构显得较前者粗糙、透明度差、光泽减弱、明显发"干"，而且部分珍珠表层发现龟裂等破损。染色后辐照的黑珍珠具有与未染色辐照的珍珠类似的阴极发光特征，但其发光不均一，可见到其内部的龟裂纹。另外表面出现较大面积的破损。而从市场上购买的未知辐照源辐照的淡水珍珠在阴极发光下可以更清楚地看到其内部的龟裂，与上述染色后辐照的黑珍珠阴极发光特征类似。对于海水珍珠，辐照后的珍珠层在阴极射线下不发光或仅为弱的蓝白色光，而其出露的黑色贝壳部分发绿色光；天然黑珍珠在阴极射线下不发光。

④ 红外和拉曼光谱特征　辐照处理珍珠的红外光谱与淡水养殖珍珠没有明显差异，但与天然黑珍珠存在差异。

拉曼光谱与染色黑珍珠和天然黑色养殖珍珠有差异。辐照处理的珍珠的拉曼谱峰极易辨认，强荧光造成谱线位置过高，一般仅见减弱的1083cm^{-1}文石峰；染色加辐照的黑珍珠与一般辐照处理的淡水养殖珍珠拉曼谱峰类似。而天然黑珍珠除文石峰外，一般可见众多伴生峰，如1168.54cm^{-1}、1262.85cm^{-1}、1472.23cm^{-1}、1563.34cm^{-1}、1604.89cm^{-1}等。

⑤ 微损测试　用小刀在不起眼处刮粉末，进行微损鉴定时，因为粉末量很少，辐照处理的珍珠粉末与天然相同，也显现白色。有时染色黑珍珠、染色加辐照处理黑珍珠微量粉末也可为白色。

⑥ 其他特征　塔希提黑珍珠是有核海水珍珠，通常海水珍珠改色效果不理想，因此，如果淡水珍珠呈现塔希提黑珍珠的外观，可以作为辐照处理的辅助鉴定依据之一。

1.5.4　热处理

热处理工艺于20世纪90年代开始出现，主要针对颜色较淡的金色南洋珍珠。热处理的具体工艺细节处于保密状态。

这种工艺主要针对未打孔的珍珠。打孔后，可见珠孔内部颜色明显比表面淡。具有诊断性的鉴定特征是紫外－可见分光光谱特征。天然颜色的金色南洋珍珠在330～385nm处有特征吸收的强峰，颜色越深，峰值越强；而热处理珍珠与天然颜色的白色南洋珍珠相同，在此区间无特征吸收峰。

1.5.5　褪色

褪色处理也称漂白（bleach），主要针对塔希提黑珍珠而言。塔希提黑珍珠经过未公开的工艺进行漂白可褪色为巧克力色。

这种褪色处理的珍珠色调不易控制，很难保证每颗珍珠出现同样的色调，见图1-5-72～图1-5-75。

图1-5-72　褐色处理海水养殖珍珠（一）

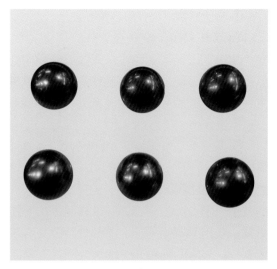

图1-5-73　褐色处理海水养殖珍珠（二）

图1-5-74　褐色处理海水养殖珍珠（三）

图1-5-75　褐色处理海水养殖珍珠（四）

1.5.6　覆膜

此类方法主要应用于质量不好的淡水无核珍珠等，并不广泛见于市场和实验室。

（1）聚合物覆膜

将光泽较差的塔溪堤黑色有核养殖珍珠表面覆盖一层较厚的无色聚合物（主要是塑料）；也可以将淡水珍珠覆一层厚膜，并切割成小刻面。

鉴定时，可发现珍珠的光泽不是像天然珍珠那样来自表面，而是来自聚合物层底下。珍珠的颜色从顶部和从侧面观察时的色调也不一致。

另外，留在无色塑料层的气泡、不平整的表面、覆盖层的刮伤、尖锐的器物能在其表面留下印记、其他"穿衣"的特征都可作为鉴定依据。

（2）覆硅珍珠

将珍珠的表面覆一层聚二硅氧烷，改善其光泽。

珍珠的表面特别光华，摸起来有一定黏感。放大检查时，珍珠叠加片晶的边缘难见，有时可见无色覆盖层和表面的划痕。

（3）"电镀"珍珠

将珍珠的表面"电镀"一层富 Ti 的物质，改善其光泽。主要是对白色淡水珍珠进行处理。处理后珍珠的光泽强度一般与 Ti 元素的含量正相关。

鉴定特征："电镀"处理的覆膜珍珠光泽普遍强于白色淡水珍珠和常规增光漂白珍珠（图1-5-76），相对密度与淡水珍珠相当；白色"电镀"处理覆膜淡水珍珠的紫外荧光多呈浅蓝色，比常规增光漂白淡水珍珠弱。显微放大观察，白色"电镀"淡水珍珠表面可出现划痕、斑块状磨损（图1-5-77）。微量元素测试 Ti 高，异于普通养殖珍珠。

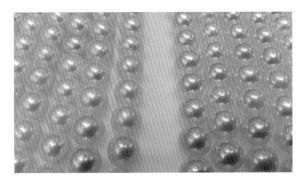
图1-5-76 未处理珍珠（左）与覆膜处理珍珠（右）

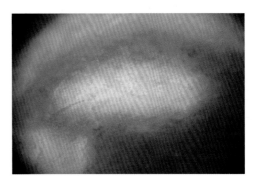
图1-5-77 覆膜珍珠表面的划痕（显微镜下）

1.5.7 剥皮

目前，国外已较少采用此方法，国内基本不使用。

剥皮处理是用极细的工具小心地剥掉珍珠不美观的表层，希望在其下部找到一个更好的表层。这种操作难度大，有时一次剥离会导致再一次剥离，直至不剩珍珠层为止。一些长期佩戴表皮发黄或表层有破损的珍珠常用此方法。

剥皮处理主要用于天然珍珠和海水养殖珍珠，主要是由于其价值高，且剥皮的难度没有淡水养殖珍珠那么大。这可能与海水养殖珍珠的单层厚度（约0.3～0.6μm）比淡水养殖珍珠层（约0.2～0.4μm）厚一些，而且厚度变化不大有关。

1.5.8 表面裂隙充填

此类处理工艺不广泛见于市场和实验室。

珍珠表面的细小裂隙必须及时愈合，以保证珍珠光泽和外观的美丽。具体方法是将珍珠浸于热橄榄油中，利用油的渗透使珍珠表面裂隙渐渐"愈合"，然后，将温度升至150℃，珍珠表面产生一种深棕色。

1.5.9 充蜡

主要用于表面有孔洞的淡水有核养殖珍珠，蜡用于封住孔洞，见图1-5-78和图1-5-79。

鉴定时，可观察到蜡与珍珠层光泽等的差异。

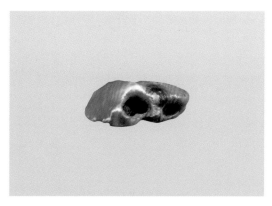

图1-5-78　有孔洞待处理的珍珠

图1-5-79　充蜡处理的淡水有核珍珠

1.5.10　珠核染色

　　海水珍珠还可以将珠核染色，这样透过珍珠层的白色薄层，视觉上达到彩色珍珠的效果。

　　此外，还可以将植核时植入的外套膜染色，以达到干预珍珠层颜色的效果。还可以将黑蝶贝、金唇贝的有色外套膜植入，透过薄层珍珠显示银灰色或淡金黄色，但是珍珠层仍为白色，见图1-5-80和图1-5-81。

图1-5-80　灰色处理珍珠

图1-5-81　内外珍珠层颜色不一致

1.5.11　拼合

　　马贝珍珠是最常见的二层或三层拼合珍珠。

　　由于马贝珍珠半圆等形状的珠核不是插在母贝的外套膜中，而是粘贴在软体动物的内壳上；马贝珍珠的珍珠层相对较薄，且马贝珍珠的核极易与覆盖于其上的珍珠层分离。因此必须经过拼合后才能用作首饰。

　　半圆形和半椭圆形马贝珍珠一般为三层拼合。外部或上半部分为养殖珍珠层，中间用蜡或贝壳等物质填充，在底面粘贴育珠贝的珍珠层。较平的图案、人像等，一般为二层拼合。

　　鉴定时，从侧面可以见到明显的分界，颜色、光泽等都不相同。此外，拼合珍珠的形状也是最重要的鉴定特征：为半圆、半椭圆等，尺寸较大，底面较平；拼合珍珠首饰的镶嵌形式主要为包边镶，与珠镶不同。见图1-5-82～图1-5-91。

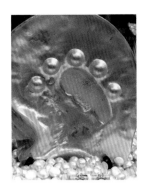

图1-5-82　育珠贝与马贝珍珠（一）

图1-5-83　育珠贝与马贝珍珠（二）

图1-5-84　三层拼合马贝珍珠（一）

图1-5-85　三层拼合马贝珍珠（二）

图1-5-86　二层拼合人像马贝珍珠

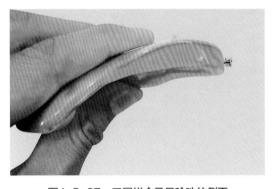

图1-5-87　三层拼合马贝珍珠的侧面

图1-5-88　三层拼合马贝珍珠的正面

图1-5-89　三层拼合马贝珍珠的背面

图1-5-90　包边镶嵌的马贝珍珠

图1-5-91　珠镶

此外，也会有拼合贝附珍珠，是将贝附珍珠和珠母贝与贝壳拼合。

1.5.12　雕刻与镶嵌

珍珠的雕刻包括刻面加工、镶嵌和雕刻等工艺。

刻面加工指在珍珠层上琢磨刻面，见图1-5-92和图1-5-93。

雕刻指在珍珠层上雕刻成一定的图案。还可将养殖珍珠过程中所需要的珠核替换为彩色宝石。待珍珠长成之后，在珍珠表面进行雕刻，内部彩色宝石的颜色从镂空花纹中显现出来，形成特殊的视觉效果。见图1-5-94和图1-5-95。

镶嵌指在珍珠层本体的凹陷处打磨后，再镶嵌宝石。

图1-5-92　刻面珍珠（一）

图1-5-93　刻面珍珠（二）

图1-5-94　雕刻珍珠（一）

图1-5-95　雕刻珍珠（二）

1.6　鉴定

对于珍珠的鉴定，首先鉴定是珍珠还是仿珍珠；确定是珍珠后，需要鉴定是天然珍珠还是养殖珍珠；对于养殖珍珠，则需鉴定是海水养殖珍珠还是淡水养殖珍珠，并确定是否经过染色等优化处理。

1.6.1　珍珠与仿珍珠的鉴别

仿珍珠具有悠久的历史。英国女王伊丽莎白一世衣服上坠饰的一部分珍珠就是仿珍珠。人工仿制珍珠用塑料、玻璃、贝壳等小球作核，外表镀上一层"珍珠液"而制得，其外观与珍珠类似。

（1）玻璃核仿珍珠

以玻璃为核的仿珍珠，见图1-6-1。

此类别中，西班牙的马约里卡（Majorica）公司所生产的玻璃核仿珍珠最为出名。马约里卡珠是将具有珍珠光泽的特殊生物质涂料涂在玻璃珠核上，再涂上一层保护膜而得到。

马约里卡珠的光泽很强，光滑面上具明显的彩虹色，用手摸有温感、滑感，用针在钻孔处挑拨，有成片脱落的现象；折射率低，只有1.48；显微镜下无珍珠的特征生长回旋纹，只有凹凸不平的边缘；用牙齿尖轻擦时，有滑感。在X射线相片上，马约里卡珠是不透明的。

（2）塑料核仿珍珠

以塑料为核的仿珍珠，见图1-6-2。

仔细观察其色泽单调呆板，大小均一，圆度好，钻孔处有凹陷，而且手感轻，有温感。

（3）贝壳核仿珍珠

以贝壳为核的仿珍珠，见图1-6-3。

这类仿珍珠是用合成树脂加上极细微的某些小晶体，一层又一层地涂在贝壳磨制的小圆球（即海水养殖珍珠所用的核）上，使之产生同海水养殖珍珠一样的效果。贝壳珠从外观上看与海水养殖珍珠很接近，而且硕大圆润，珍珠光泽极佳，极易使人认为是优质的珍珠。

图1-6-1　玻璃核仿珍珠

图1-6-2　塑料核仿珍珠

图1-6-3　贝壳核仿珍珠

　　贝壳核仿珍珠与珍珠的主要区别是放大观察时看不出珍珠表面所特有的生长回旋纹,而只是类似鸡蛋壳表面那样糙面;在透射光下可以见到内核的条纹和附在其上的"珍珠层"薄膜。

(4)珍珠与仿珍珠的鉴别特征

　　珍珠与仿珍珠的鉴别特征见表1-6-1和图1-6-4~图1-6-17。

表1-6-1　珍珠与仿珍珠的鉴别特征

特征	珍珠		仿珍珠
颜色	白色、粉色、橙色、紫色、黑色、金黄色、灰色		各种颜色
形状	圆形、水滴形、椭圆形、异形、连体异形、馒头形		常为规则的圆形和水滴形
手掂重	适中		玻璃核:重
			塑料核:轻
			贝壳核:与珍珠相仿
钻孔	平滑;有核珍珠可见珠核		皱起
表面特征	光滑;可有凹坑、无光斑点、生长纹、皱起等生长瑕疵		类似鸡蛋壳的糙面;划痕

图1-6-4　仿珍珠的表面特征与钻孔(一)

图1-6-5　仿珍珠的表面特征与钻孔(二)

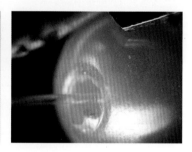

图1-6-6　仿珍珠的表面特征与钻孔(三)

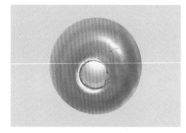

图1-6-7　仿珍珠的钻孔(一)

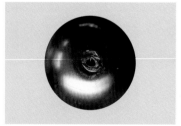

图1-6-8　仿珍珠的钻孔(二)

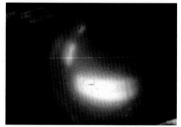

图1-6-9　仿珍珠的表面特征(一)

图1-6-10　仿珍珠的表面特征(二)

图1-6-11　仿珍珠的表面特征(三)

图1-6-12　无核淡水养殖珍珠的表面瑕疵和钻孔

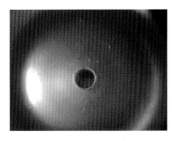

图1-6-13　淡水养殖珍珠的钻孔特征　图1-6-14　海水养殖珍珠的钻孔
　　　　　（显微观察）　　　　　　　　　　　　特征

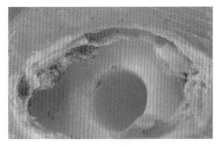

图1-6-15　海水养殖珍珠的钻孔特征（显　图1-6-16　海水养殖珍珠的　图1-6-17　淡水养殖珍珠的光滑表
　　　　　微观察）　　　　　　　　　　　　　光滑表面（显微观察）　　　　　　　面（显微观察）

1.6.2　天然珍珠与养殖珍珠的鉴别

传统鉴别天然珍珠和养殖珍珠的方法，主要是通过判断是否有珠核、X射线衍射和X射线照相（见图1-6-18和图1-6-19）等区别。

近年来发展出X射线微断层扫描技术（X-ray microtomography, 或Xray-μCT），也称X射线层析技术，可以比传统的X射线照相更清晰地观察天然珍珠和养殖珍珠、无核淡水珍珠的内部。淡水无核养殖珍珠中心处可见外套膜吸收后留下的卷曲状空隙，而天然珍珠内部则极少见此类空隙，一般从中心处就是同心环状的生长结构。珍珠的X射线微断层扫描的仪器和图像见图1-6-20～图1-6-23。

中子散射成像技术（neutrons scattering and imaging）也可以实现对珍珠内部更好的观察。

由于珍珠的主要矿物成分是碳酸钙，很多天然珍珠都镶嵌在古董首饰上，具几百年以上的悠久历史，而无核养殖珍珠只有几十年的历史。使用超灵敏加速器质谱（ultra-sensitive accelerator mass spectrometer，AMS）可以对珍珠测年。瑞士的宝石实验室成功地运用此技术对沉船中具有970年历史的珍珠进行了鉴定，误差范围为3年。

天然珍珠和养殖珍珠的鉴别特征见表1-6-2。

表1-6-2　天然珍珠和养殖珍珠的鉴别特征

鉴定特征	天然珍珠	养殖珍珠
珠核与水域	无核	淡水无核养殖珍珠：无核，由于外套膜常在珍珠中心处留下空隙等
		淡水有核养殖珍珠：有核

续表

鉴定特征	天然珍珠	养殖珍珠
珠核与水域	无核	海水养殖珍珠：有核
相对密度	天然海水珍珠：2.61～2.85	海水养殖珍珠：2.72～2.78
	天然淡水珍珠：2.66～2.78，很少超过2.74	淡水养殖珍珠：低于大多数天然淡水珍珠
折射率	1.530～1.685	1.500～1.685，多为1.53～1.56
紫外荧光	黑色：长波，弱至中等，红、橙红色其他颜色：无至强，浅蓝、黄、绿、粉红色等	无至强，浅蓝、黄、绿、粉红色
肉眼鉴定	形状多不规则； 质地细腻，结构均一； 珍珠层厚，多呈凝重的半透明状	多呈圆形； 珍珠层薄，透明度较好
放大检查	同心放射层状结构； 表面生长纹理	有核养殖珍珠：具层状结构，珍珠质层呈薄层同心放射状结构，表面微细层纹；珠核可呈平行层状，珠核处反白色冷光
X射线照相	中心至外壳均显同心层状结构，底片上显示出明暗相间的环状图形或近中心的弧形	有核养殖珍珠：在底片上的珠核与珍珠层之间的分界线明显
		无核养殖珍珠：呈现核心处空心或不规则空隙，及外部同心层状结构
X射线衍射	六次对称衍射图像	四次对称衍射图像； 特殊方向呈现六次对称衍射图像
X射线断层扫描	从核心处开始同心放射层状结构	淡水无核珍珠内部可见外套膜留下的卷曲状等不规则空隙或空洞
中子扫描和成像		
C同位素测年	常为上百年	几年到几十年

图1-6-18　X射线照相仪
（泰国GIT实验室）

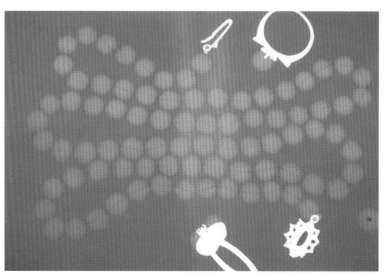

图1-6-19　X射线照相观察珍珠首饰

图1-6-20 X射线微断层扫描仪（德国Mainz大学）

图1-6-21 X射线微断层扫描仪（局部）

图1-6-22 X射线断层扫描观察海水养殖珍珠

图1-6-23 X射线断层扫描观察无核淡水养殖珍珠

1.6.3 淡水养殖珍珠与海水养殖珍珠的鉴别

淡水养殖珍珠和海水养殖珍珠可通过肉眼对颜色、大小、形状、珠核等特征的观察较容易地进行区别。

有核淡水养殖珍珠和海水有核养殖珍珠，均插有淡水贝壳核，具有相同的珠核特征。肉眼、显微观察和拉曼光谱可以将除了白色以外的有核珍珠进行区别。对于白色有核珍珠，拉曼光谱则较难区分其是海水养殖珍珠还是淡水养殖珍珠。但是可以通过微量元素、阴极发光等特征进行区别。

淡水养殖珍珠和海水养殖珍珠的鉴别特征见表1-6-3、表1-6-4和图1-6-24～图1-6-28。

图1-6-24 淡水无核养殖珍珠

图1-6-25 淡水有核养殖珍珠

图1-6-26 海水有核养殖珍珠

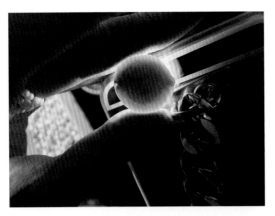

图1-6-27　透射光观察有核养殖珍珠的珠核

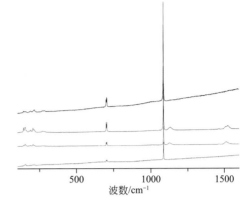

图1-6-28　白色海水珍珠（上）和白、橙、紫色有核淡水珍珠（下）的拉曼光谱

表1-6-3　淡水养殖珍珠和海水养殖珍珠的鉴别特征

特征	淡水养殖珍珠		海水养殖珍珠
	无核淡水养殖珍珠	有核淡水养殖珍珠	
颜色	白色、粉色、橙色、紫色	白色、粉色、橙色、紫色，偶见青铜色	白色、黑色、灰色、淡黄色至金黄色
大小	常见3～15mm	常见11～17mm	常见5～17mm
形状与大小	圆形、水滴形、椭圆形、馒头形、异形、连体异形等	圆形、扁的纽扣形、条形、十字架形或其他异形；部分会带类似"尾巴"状的突出	9mm以下为圆形 13mm以上可见异形
珠孔观察	无核	有核	有核
强透射光观察	部分可见同心环状结构	可见珠核 部分可观察到珠核的层状结构	可见珠核 部分可观察到珠核的层状结构
阴极发光	发黄绿色至绿色光	发黄绿色至绿色光	不发光
X射线照相	无核	有核	有核
X射线荧光光谱	富Mn，贫Mg、Sr、Fe等		贫Mn，富Mg、Sr、Fe等
拉曼光谱	粉色、橙色和紫色的淡水珍珠一般会出现1132cm^{-1}和1528cm^{-1}的有机振动峰		不出现1132cm^{-1}和1528cm^{-1}的有机振动峰

表1-6-4　有核淡水珍珠和海水养殖珍珠的拉曼振动谱峰对比　　　　单位：cm^{-1}

样品	文石			有机峰
	v_1	v_4	晶格模式	
有核淡水珍珠（白色）	1089	702,705	141, 152, 161, 179, 190, 209, 216	—
有核淡水珍珠（橙色、紫色）	1089	702,705	141, 152, 161, 179, 190, 209, 216, 272, 283	1132, 1528
海水养殖珍珠（白色）	1087	702,705	141, 152, 179, 190, 206, 272, 283	—

1.6.4 天然颜色珍珠和处理黑色珍珠的鉴别

　　塔溪提黑珍珠被称为"一种具有天然颜色的养殖珍珠"。淡水养殖珍珠最常见的优化处理方式就是将其染成黑色，以模仿塔溪提黑珍珠。经过 γ 射线辐照的淡水养殖珍珠也可以具有与塔溪提黑珍珠类似的外观特征。此外，还偶见染色后辐照的淡水养殖珍珠。这四种黑色珍珠的鉴别特征见表1-6-5和图1-6-29～图1-6-35。

表1-6-5　四种黑色珍珠的基本特征对比

特征	塔溪提黑珍珠	γ 射线辐照 淡水养殖珍珠	染色淡水黑珍珠	染色加辐照 黑珍珠
珍珠类型	海水养殖珍珠	主要为无核淡水养殖珍珠	淡水养殖珍珠	淡水养殖珍珠
致色机理	有机色素卟啉致色	微量元素、文石和有机质及相互结合方式发生改变	染料与文石和壳角蛋白产生某种结合力	染色和辐照双重作用
肉眼观察	黑色至银灰色，一般为带有轻微彩虹样闪光的深蓝黑色或带有青铜色调	黑色、银灰色为体色，并带有绿色、蓝色、红色等明亮伴色	金属光泽，纯黑色，颜色均一，晕彩、伴色不自然	伴色可比辐照淡水珍珠更明亮
微量粉末	白色	淡褐色	灰褐色	灰褐色
显微镜观察	表面细腻光滑，或具生长纹理	表面细腻光滑，有时可见微破损。在强透射光下有时可见黑色圈层结构	可见表面色斑、点状沉淀物或表面珠层受腐蚀的痕迹、细微褶皱	可见表面局部层状脱落
紫外荧光（长波）	暗红棕色，或只可见表面的强反光	强的绿色荧光	荧光惰性至中等强度的绿色荧光	强的绿色荧光，荧光不均一
紫外荧光（短波）	一般惰性	弱至中的绿色荧光	一般惰性	弱至中的绿色荧光
阴极发光	不发光	发强绿色光	发黄绿色至强绿色光	发强绿色光
拉曼光谱	极强的1083cm^{-1}文石峰，卟啉等有机色素峰	强荧光造成谱线位置过高，一般仅见减弱的1083cm^{-1}文石峰	极强的1083.17cm^{-1}文石 ν_1 峰，中等强度的702.50cm^{-1}文石 ν_4 峰	一般仅见减弱的1083cm^{-1}文石 ν_1 峰

图1-6-29　辐照淡水养殖珍珠（上）、塔溪提黑珍珠（左）和染色淡水养殖珍珠（右）

图1-6-30　塔溪提黑珍珠（左）、辐照处理淡水养殖珍珠（中）、染色淡水养殖珍珠（右）及其粉末

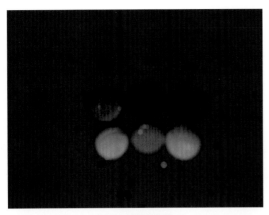

<table>
</table>

（a）长波紫外灯下　　　　　　　　　　　（b）短波紫外灯下

图1-6-31　塔溪提黑珍珠（上）、染色淡水黑珍珠（中）和 γ 射线辐照处理珍珠（下）的紫外荧光特征

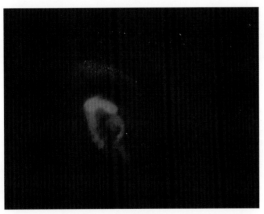

（a）塔溪提黑珍珠　　　　　　　　　　　（b）辐照处理淡水养殖珍珠

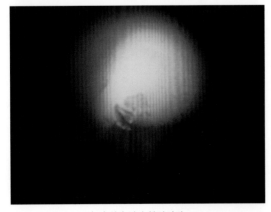

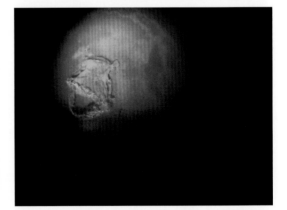

（c）染色淡水养殖珍珠　　　　　　　　　（d）染色加辐照淡水养殖珍珠

图1-6-32　四种黑色珍珠的阴极发光特征

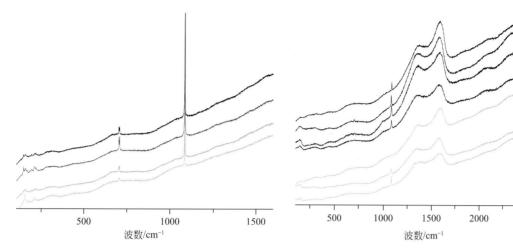

图1-6-33 塔溪提黑珍珠的拉曼光谱特征

图1-6-34 染色黑色珍珠的拉曼光谱特征（上：染色海水养殖珍珠；下：染色淡水养殖珍珠）

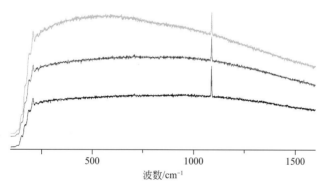

图1-6-35 辐照处理淡水养殖珍珠的拉曼光谱特征

1.7　质量评价

　　珍珠质量评价前首先需要确定珍珠的种类和是否经过优化处理。就相同大小和质量的珍珠而言，天然珍珠的价值远高于养殖珍珠，海水珍珠的价值高于淡水珍珠。

　　确定了珍珠的种类后，再进行质量的评价。在商业领域，有时使用A～AAA，或D～A的标准，但珍珠的质量评价并不像钻石那样，有国际通用的4C分级体系和标样，因而各个实验室和商业企业的3A或D～A标准也并不相同，甚至可能出现同一机构的标准不同。要确立全球通行的评价标准，就需要建立在分级中用于确定养殖珍珠质量因素分级的比对实物，也就是标准样品（master pearl）。珍珠标样建立的困难之处在于：珍珠是有机成因的宝石，其颜色和光泽等可能因收获后的工艺、存储条件等的不同，随时间变化而发生微小的改变。

　　珍珠的质量评价要素包括光泽、颜色、形状、大小、珠层厚度、表面瑕疵等，主要由珍珠的成分和结构决定；对于养殖珍珠而言，珠母贝的种类、生长条件、养殖技术以及收获后的优化技术水平都有一定影响。珍珠的评价因素见图1-7-1和表1-7-1。

图1-7-1　珍珠的评价因素

表1-7-1　珍珠的质量评价

评价因素	质量评价内容
种类	相同质量情况下，天然珍珠价值最高，养殖珍珠中价值依次为海水养殖珍珠、淡水有核养殖珍珠和淡水无核养殖珍珠
光泽	越强越好；反射光特别明亮、锐利、均匀，表面像镜子，映像很清晰为最佳
表面光洁度	珍珠表面的凹坑、螺纹、斑点、突起、瑕疵越少越好，肉眼观察表面光滑细腻，极难观察到表面有瑕疵为最佳
颜色	黄色中以颜色鲜艳、浓郁饱和的金黄色为佳； 黑色中以带绿色伴色为佳； 白色中以带粉红等伴色为佳； 粉、橙、紫等色以颜色浓郁、鲜艳为佳
形状	一般以正圆为好，直径差百分比≤1.0%为最佳
大小	越大价值越高
珠层厚度	有核珍珠的珍珠层厚度≥0.6mm为佳，越厚越好；厚度太薄，珍珠层容易脱落
首饰的匹配性	形状、光泽、光洁度等质量因素一致；颜色、大小和谐有美感，或呈渐进式变化；孔眼居中且直为最佳
产地	金色南洋珍珠：澳大利亚、菲律宾等产地一般优于缅甸等产地； 黑色塔希提珍珠：塔希提岛等产地一般优于墨西哥湾等产地

　　进行质量评价时，主要以肉眼观察为主，将珍珠置于不反光的白、灰背景下，部分珍珠也可用黑背景；肉眼距离珍珠20～50cm，也可根据个人观察习惯调整，但不宜太过靠近珍珠和光源；光源一般使用北向日光或色温为5500～7200K的日光灯。珍珠的大小和圆度常使用珍珠卡尺（也称"测厚仪"）等进行测量。珍珠质量要素评价的方法见图1-7-2。

（a）原珠　　　　　　　　　　　（b）半成品

图1-7-2　笔者在进行养殖珍珠的质量评价

1.7.1　种类

　　珍珠内部的种类划分对珍珠的价值影响非常大，珍珠的种类划分见图1-7-3。天然珍珠的价值远高于养殖珍珠。即使很多天然珍珠的光泽、形状、大小等都逊于养殖珍珠，但是其稀有性、历史、情感等价值远高于养殖珍珠，因此，目前珍珠的最高拍卖价格，均由天然珍珠首饰所保持。对于天然珍珠而言，历史越悠久，具有的历史价值越高；如果被历史名人佩戴或珍藏，其价值也会在很大程度上提高。

　　同等大小和同等质量情况下，养殖珍珠中海水珍珠的价值一般高于淡水珍珠，圆的有核珍珠的价值高于无核珍珠。

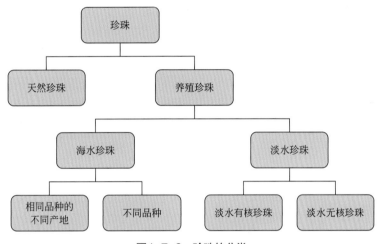

图1-7-3　珍珠的分类

1.7.2　光泽

　　珍珠光泽是珍珠美丽和吸引人的最重要的特征之一，因此光泽在珍珠的质量评价中占据了非常重要的地位。珍珠的光泽，是指养殖珍珠表面反射光的强度及映像清晰程度。

　　珍珠光泽的强弱依靠肉眼观察，其强弱之间并无明确量化标准。国际上珍珠的常见光泽强弱级别见表1-7-2以及图1-7-4～图1-7-15。

表1-7-2　珍珠常见的光泽级别划分

光泽级别	质量要求
极强	反射光很明亮，锐利均匀，映像很清晰，类似于镜面的反射
强	反射光明亮，表面能见物体影像，映像中等清晰
中	反射光不明亮，表面能照见物体，但影像暗、弱、模糊
弱	反射光全部为漫反射光，表面光泽呆滞，几乎无映像
无光	乳白或白垩状外观，表面几乎无反射

图1-7-4　中等至强光泽（南洋珍珠）

图1-7-5　从左至右光泽变强的强光泽（南洋珍珠）

图1-7-6　极强光泽（南洋珍珠）

图1-7-7　极强光泽（Akoya珍珠）

图1-7-8　略有差异的极强光泽（Akoya珍珠）

图1-7-9　强光泽（Akoya珍珠）

图1-7-10　极强光泽（淡水无核养殖珍珠）（一）

图1-7-11　极强光泽（淡水无核养殖珍珠）（二）

图1-7-12 中等光泽（淡水有核养殖珍珠）（一）

图1-7-13 中等光泽（淡水有核养殖珍珠）（二）

图1-7-14 弱至中等光泽（淡水有核养殖珍珠）

图1-7-15 从左至右光泽减弱的强至中光泽（南洋珍珠）

1.7.3 表面瑕疵

珍珠的表面瑕疵（blemish）是指导致珍珠表面不圆滑、不美观的缺陷。珍珠表面常见的瑕疵有腰线、隆起（丘疹、尾巴）、凹陷（平头）、皱纹（沟纹）、破损、缺口、斑点（黑点）、针夹痕、划痕、剥落痕、裂纹及珍珠疤等。

珍珠的表面光洁度（surface perfection）是指珍珠表面有瑕疵的大小、颜色、位置及多少决定的光滑、洁净的总程度。瑕疵越少，珍珠质量越高。常见的珍珠表面瑕疵级别见表1-7-3和图1-7-16～图1-7-23。

表1-7-3 常见的珍珠表面瑕疵级别划分

表面瑕疵级别	质量要求
无瑕	肉眼观察表面光滑细腻，极难观察到表面有瑕疵；此类珍珠一般不事先打孔，售出后才打孔
极微瑕	表面由一个或两个聚集的点状瑕疵，在瑕疵处打孔后，珍珠为无瑕级别；或珠镶后能遮盖
微瑕	表面有非常少瑕疵，如分散的点状瑕疵，打孔和珠镶后不能完全遮盖，但并不易观察
少瑕	有较少的瑕疵，肉眼易观察到，但并不很明显
瑕疵	瑕疵明显，如凹坑、环带等，非专业人士容易观察到
重瑕	瑕疵很明显

图1-7-16　无瑕（南洋珍珠）

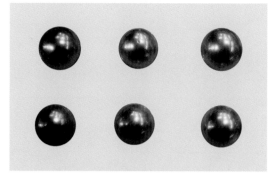

图1-7-17　微瑕（南洋珍珠）（一）

图1-7-18　微瑕（南洋珍珠）（二）

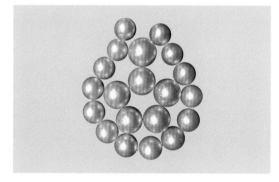

图1-7-19　微瑕（南洋珍珠）（三）

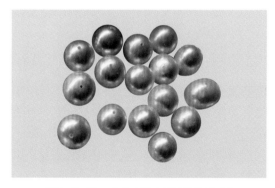

图1-7-20　少瑕（淡水无核养殖珍珠）

图1-7-21　瑕疵（塔溪提黑珍珠）

图1-7-22　重瑕（淡水无核养殖珍珠）

图1-7-23　重瑕（淡水有核养殖珍珠）

清洁并干燥样品，滚动样品，通过肉眼观察，记录样品表面瑕疵的种类、多少和分布情况，参照标准样品，确定样品的光洁度级别。

1.7.4 颜色

珍珠的颜色由体色、伴色和晕彩组成。对珍珠来说，体色并不像光泽和圆度对珍珠的质量影响那么重要。

珍珠的体色一般为白色、金黄色、黑色、橙色、粉色、紫色等系列，粉色、紫色和橙色常会混合出现。白色系列的珍珠，颜色越白，粉红伴色越明显，价值越高。金色、橙色、紫色、粉色等系列的有色珍珠，颜色越均匀、浓艳，价值越高。黑色系列则是体色越黑，绿色伴色越明显，价值越高。见图1-7-24～图1-7-35。

在其他质量要素相同的情况下，海水珍珠中金黄色价值最高；淡水珍珠中，白色和浓的紫色、橙色、粉色一样受欢迎，淡的紫色、橙色和粉色的价值略低。

伴色和晕彩是珍珠受到喜爱的重要因素。一般而言，伴色越强、晕彩的颜色越多且明显，光泽也会相应越强，价值越高。

图1-7-24　颜色不均匀的黄色（南洋珍珠）

图1-7-25　浅的黄色（南洋珍珠）

图1-7-26　中至浓的金黄色（南洋珍珠）

图1-7-27　浓艳的金黄色（南洋珍珠）

图1-7-28　灰至暗黑色（塔溪提黑珍珠）

图1-7-29　黑色带孔雀绿伴色（塔溪提黑珍珠）

图1-7-30 浅至中的橙色（淡水有核养殖珍珠）

图1-7-31 浅至深的粉色、粉紫色（淡水有核养殖珍珠）

图1-7-32 浅至深的橙色和紫色

图1-7-33 中至深的橙色、紫色和金属色

图1-7-34 深粉紫色（淡水有核养殖珍珠）

图1-7-35 深紫色（淡水有核养殖珍珠）

珍珠伴色可有粉红色、紫红色、蓝色、绿色等伴色。对于白色珍珠，粉红色伴色优于绿色等伴色；对于黑色珍珠，绿色伴色则优于红色和蓝色伴色。珍珠伴色的不同级别见图1-7-36～图1-7-45。

图1-7-36 不明显的伴色（塔溪提黑珍珠）

图1-7-37 较明显的伴色（塔溪提黑珍珠）

图1-7-38　明显的伴色（塔溪提黑珍珠）

图1-7-39　强伴色（塔溪提黑珍珠）

图1-7-40　中至强红、绿等伴色（塔溪提黑珍珠）

图1-7-41　强红、绿伴色（塔溪提黑珍珠）

图1-7-42　强粉伴色（Akoya珍珠）

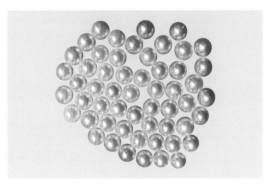

图1-7-43　强粉、绿等伴色（Akoya珍珠）

图1-7-44　强绿伴色（左三除外）（淡水有核养殖珍珠）

图1-7-45　强紫红伴色（淡水有核养殖珍珠）

1.7.5 大小

珍珠尺寸越大，价值越高。珍珠在软体动物体内生长的时间越长，尺寸越大；但是珍珠在软体动物体内生长得越大，软体动物的健壮情况以及珍珠的光泽、颜色、形状、表面瑕疵等因素的不确定性就越高。特别是软体动物病变、老化等，会极大影响珍珠的质量。大珍珠的完美概率远低于小珍珠。对于养殖珍珠而言，生长时间越长，面临的不可控、不确定的情况就越多，养殖的风险和成本都相应越高。

正圆形、圆形、近圆形的珍珠一般以最小直径来表示，其他形状养殖珍珠以最大尺寸乘最小尺寸表示。

单个或成串的珍珠，可以用珍珠卡尺（测厚仪）或游标卡尺，见图1-7-46；批量散珠可以用珍珠筛，见图1-7-47，其直径用珍珠筛的孔径范围表示。不同直径的淡水有核养殖珍珠见图1-7-48和图1-7-49。

图1-7-46　珍珠与珍珠测厚仪

图1-7-47　珍珠筛测量珍珠直径

图1-7-48　直径14～17mm的淡水有核养殖珍珠

图1-7-49　直径18～19mm的淡水有核养殖珍珠

1.7.6 形状

珍珠的形状可以分为圆形、近圆形、椭圆形、扁圆形（算盘珠形、馒头形等）、异形等形状，见图1-7-50～图1-7-55。其中圆形的价值最高；大的水滴形等易于作吊坠的形状，象形的异

图1-7-50　水滴形（南洋珍珠）

图1-7-51　水滴形、扁圆和圆形（南洋珍珠）

图1-7-52　椭圆形（南洋珍珠）

图1-7-53　扁圆形和圆形（南洋珍珠）

图1-7-54　扁圆形（淡水无核养殖珍珠）

图1-7-55　正圆形（Akoya珍珠）

形等易于设计的形状，价值也可以很高。

可以采用肉眼观察珍珠的滚动与多方位直径测量相结合的方法。直径差的百分比≤1%，为正圆形。根据测量的数据，计算直径差百分比X（%）。

1.7.7　珠层厚度

珠层厚度（nacre thickness）并不影响珍珠的光泽，但是太薄的珠层容易破损、脱落，影响珍珠的寿命，见图1-7-56。

无核珍珠的珠层厚度就是其半径。对于有核珍珠，内部为珠核，珠核外为珍珠层。见图1-7-57。

图1-7-56　薄的珍珠层

图1-7-57　有核珍珠和无核珍珠的珍珠层厚度

无损的测试方法为X射线照相法、断层扫描等。

有损的测试方法为直接测量法。将样品从中间剖开、磨平，用测量显微镜测量蛛层厚度。此方法至少测量珍珠层的三个最大厚度和三个最小厚度，并取其平均值，确定珠层厚度级别。

1.7.8　匹配性

对于珠串等多粒的珍珠饰品，匹配性（matching attribute）也是珍珠质量评价的要素之一。

在珍珠收获和上光后，完美的珍珠会单粒选出，不打孔；微瑕及瑕疵更重的珍珠在漂白上光等工艺前或之后打孔，按颜色、光泽、形状、大小等质量要素匹配，并按一条项链的通用长度串连，做成半成品后出售。见图1-7-58～图1-7-65。

匹配性指多粒珍珠饰品中，各粒养殖珍珠之间在形状、光泽、表面瑕疵、颜色、大小等方面的协调性程度。匹配性好的珍珠其形状、光泽、表面瑕疵等质量因素统一一致；颜色、大小应和谐统一或呈渐进式、有美感的变化；孔眼居中且直，光洁无毛边。对于高质量的多粒珍珠，完美的匹配性还应当将伴色考虑在内，见图1-7-66和图1-7-67。

图1-7-58　淡水珍珠加工厂中珍珠的分选

图1-7-59　淡水珍珠加工厂中珍珠的匹配

图1-7-60 淡水珍珠加工厂中珍珠的匹配与串珠
（一）

图1-7-61 淡水珍珠加工厂中珍珠的匹配与串珠
（二）

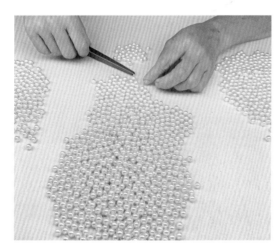

图1-7-62 海水珍珠加工厂中珍珠的分选（一）

图1-7-63 海水珍珠加工厂中珍珠的分选（二）

图1-7-64 海水珍珠加工厂中珍珠的串珠（一）

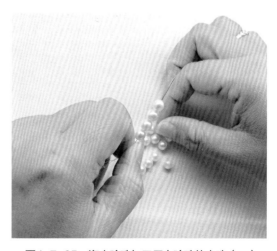

图1-7-65 海水珍珠加工厂中珍珠的串珠（二）

图1-7-66　笔者在市场指导学生评价珍珠的匹配

图1-7-67　单串伴色较统一的高质量Akoya珍珠
项链

　　观察时应结合形状、光泽、表面瑕疵、颜色、大小、钻孔、伴色等各质量要素，观察整体和单颗珍珠，先整体后局部，对匹配性进行质量评价。匹配性的整体观察见图1-7-68和图1-7-69。一般以90%以上珍珠的质量级别对多粒珍珠饰品进行质量评价定级。

图1-7-68　大小、伴色、瑕疵级别等匹配的Akoya
珍珠项链

图1-7-69　颜色、大小、瑕疵级别等匹配的南洋珍
珠项链

1.7.9　产地

　　珍珠的产地鉴定不像红蓝宝石、祖母绿的产地鉴定那样成熟和普遍。由于价格等因素，养殖珍珠的产业和消费市场对产地鉴定的要求也不迫切。珍珠的产地鉴定目前更多的应用在天然珍珠、文物考古等方面。虽然如此，但是一些传统产地的养殖珍珠在质量、可接受度等方面还是优于另外一些产地，其价值也相应更高。

　　澳大利亚、菲律宾等产地的金色南洋珍珠一般优于缅甸等产地，塔希提岛和库克群岛等产地产的黑珍珠一般优于墨西哥湾等产地。日本养殖或收获加工的海水养殖珍珠质量常优于中国养殖收获的，相同外观的日本淡水养殖珍珠的价格高于中国淡水养殖珍珠。

1.7.10 工艺品级的珍珠

当珍珠在质量要素上无法满足珠宝级的要求时，常会用在工艺品领域，或磨成珍珠粉用于美容等领域。珍珠的工艺品见图1-7-70～图1-7-75。

图1-7-70 珍珠工艺品（一）

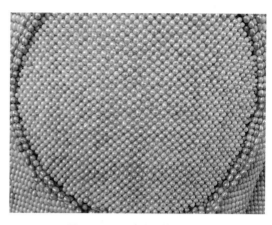

图1-7-71 珍珠工艺品（二）

图1-7-72 珍珠工艺品（三）

图1-7-73 珍珠工艺品（四）

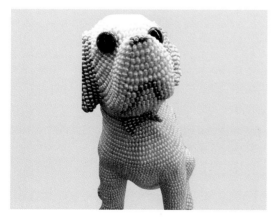

图1-7-74 珍珠工艺品（五）

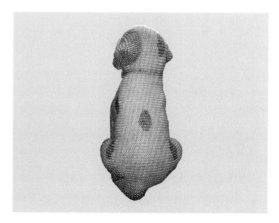

图1-7-75 珍珠工艺品（六）

1.8　保养

　　珍珠由有机质和无机质两部分组成。珍珠的无机质主要是碳酸盐，碳酸盐易受酸侵蚀，破坏有机宝石；有机质易受酒精、乙醚、丙酮等有机溶剂侵蚀。

　　珍珠佩戴和存放时，对酸及肥皂、香水、发胶、指甲油、洗涤剂等化学品敏感，应避免与其接触。

　　避免接触汗液等。汗液也会在一定程度上腐蚀珍珠，用后、存放时最好用软布擦拭清洁。万一遇大量汗液，立即用清水冲洗，用软布吸干，在阴凉处阴干。

　　避免曝晒、防止持续恒温烘烤，珍珠中含少量水，会因失水而变色和失去光泽。

　　珍珠在佩戴时，应避免与硬物特别是金属等别蹭，避免与其他无机宝石、玉石相互摩擦。

　　佩戴珍珠项链后，最好将珍珠用干净的软布擦干净后，单独放入首饰盒中。

　　珍珠项链最好每隔几年重新串一次。穿线时在每粒珠之间打个结，防止珠与珠之间摩擦，也可防止万一线断，珍珠到处散落。

2

无珍珠层的"珍珠"

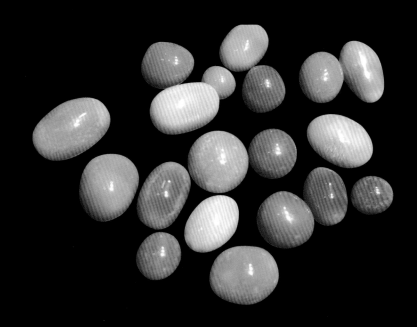

除了双壳类的海水贝和淡水蚌中出产具有珍珠层的珍珠，其他双壳类的软体动物和腹足类（Gastropoda）软体动物等也可产出"珍珠"，但因为这类材料绝大部分没有珍珠层（non-nacreous），所以在国际宝石界被称为"珍珠"（"pearl"），一般都需要加上引号，以与上一章贝、蚌中产出的具有珍珠层的珍珠相区别。常见珍珠的分类和母贝见图2-0-1，有珍珠层的珍珠和无珍珠层的"珍珠"见图2-0-2和图2-0-3。

腹足类是软体动物门中重要的组成部分，是软体动物门中最大的纲，腹足类头部发达，腹面有肥厚而广阔的足，所以得名；身体有内脏的部分扭转，因此左右不对称；外面有介壳一枚或无壳。绝大多数的腹足纲的物种都具有一个呈螺旋形的"壳"，当遇到危险时会将柔软的身体缩进壳中。能产"珍珠"的主要是生活在海水中的海螺，有凤尾螺、美乐蜗牛、鲍鱼贝、鹦鹉螺等。

此外，其他双壳类的软体动物如砗磲、圆蛤等也会产出无珍珠层的"珍珠"。

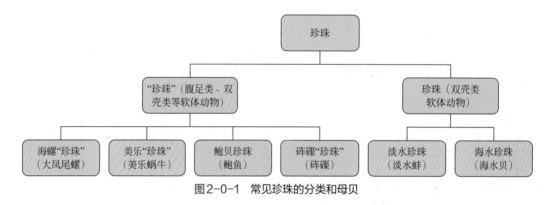

图2-0-1　常见珍珠的分类和母贝

图2-0-2　有珍珠层的珍珠和无珍珠层的"珍珠"（一）

图2-0-3　有珍珠层的珍珠和无珍珠层的"珍珠"（二）

2.1　海螺"珍珠"

　　海螺"珍珠"（Conch "pearl"，Conk "pearl"），也称孔克"珍珠"或皇后"珍珠"（Queen "pearl"），产自大凤尾海螺（the Queen conch mollusk，*Strombus* gigas）。海螺"珍珠"有非常迷人的粉红色，并具有特征的丝绢光泽或瓷状光泽，以及特征的"火焰结构"（flame structure），见图2-1-1～图2-1-4。

图2-1-1　凤尾海螺

图2-1-2　海螺"珍珠"（一）

图2-1-3　海螺"珍珠"（二）

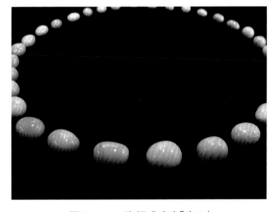

图2-1-4　海螺"珍珠"（三）

2.1.1　应用历史与文化

　　大凤尾螺的螺壳曾被某些前哥伦布文明用作礼仪乐器，但在19世纪中叶以前并没有将海螺"珍珠"作为珠宝使用的历史记载。直到1839年的宝石书籍中才记载了海螺"珍珠"。

　　起初，人们更多是利用大凤尾海螺的贝壳做饰品。因为海螺"珍珠"的美丽和稀少，海螺"珍珠"最初只被用在欧洲皇室皇后的首饰中，因此还有皇后"珍珠"的美誉。

　　19世纪晚期，珠宝设计师们开始认识到海螺"珍珠"精微而生动的粉红色调对白金首饰具有极强的美化作用。到20世纪早期，海螺"珍珠"逐渐被优雅地融入具有自然创意的作品之中。第一次世界大战后，大众对海螺"珍珠"的兴趣大减；直到20世纪80年代，它们才重新获得设计师们的注意。经过推广，日本成为第一个对海螺"珍珠"具有重大消费意识的市场。

　　人们寻找大凤尾螺的主要原因并不是为了获取海螺"珍珠"，而是为了海螺肉。海螺"珍珠"往往是在清洗和加工螺肉的过程中被发现的，仅是该行业偶然获得的副产品。凤尾海螺肉质柔嫩鲜美，备受高级料理爱好者的青睐。新鲜、冷冻或晒干的凤尾海螺肉的实际用量，每年可达上千吨。

2.1.2　宝石学特征

　　海螺"珍珠"的基本性质见表2-1-1。

表2-1-1　海螺"珍珠"基本性质

主要组成矿物		碳酸钙、壳角蛋白等
形状		从对称的球形、椭圆形到各种不规则的异形，圆形罕见
表面特征		常呈现肉眼可见的特征的"火焰结构"，见图2-1-5和图2-1-6
内部结构		同心环状结构
光学特征	光泽	特征的丝绢光泽或瓷状光泽
	颜色	白色、淡黄色、淡橙色、褐色、粉色等，见图2-1-7和图2-1-8； 最常见为粉色，粉色长期曝露于日光下会褪色
	折射率	1.50～1.53，常为1.51
力学特征	摩氏硬度	一般为4～6； 与颜色有关，粉色的硬度为5～6
	韧度	高，可高于珍珠
	相对密度	褐色：2.18～2.77； 淡黄色：2.82～2.86； 粉色：2.84～2.87
拉曼光谱		主要为文石峰以及有机色素峰，见图2-1-9

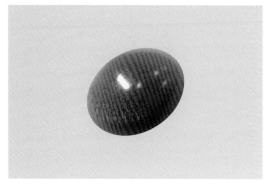

图2-1-5　海螺"珍珠"的火焰状结构（一）

图2-1-6　海螺"珍珠"的火焰状结构（二）

图2-1-7 不同颜色的海螺"珍珠"（一）

图2-1-8 不同颜色的海螺"珍珠"（二）

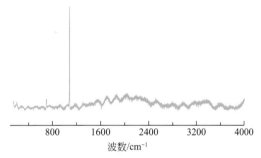

波数/cm⁻¹

图2-1-9 海螺"珍珠"的拉曼光谱

2.1.3 外观相似宝石及鉴定

除了橙色珊瑚珠子外，海螺"珍珠"较少与其他宝石混淆，与橙色、粉红色珊瑚珠子的鉴定见表2-1-2。

表2-1-2 海螺"珍珠"及其相似品的鉴别

宝石品种	颜色	光泽	表面特征	相对密度
海螺"珍珠"	橙色、粉红色	丝绢光泽	火焰状结构	2.85
橙色、粉红色珊瑚珠	橙色、粉红色	蜡状光泽	表面凹坑，波状条纹	2.65

2.1.4 产地

天然的海螺"珍珠"目前只产在加勒比（Caribbean）、巴哈马（Bahama）和百慕大群岛（Bermuda）的海域。

2.1.5 捕捞

大凤尾螺长可达30cm，重约3kg，寿命一般为25年，凤尾螺见图2-1-10和图2-1-11。一只雌螺在一个繁殖季内可产卵9次，但只有很小百分比的幼体可以存活，且有部分凤尾螺幼体

图2-1-10 幼年的大凤尾海螺壳

图2-1-11 大凤尾海螺壳

还会被鱼类、海龟等其他海洋动物捕食。

大凤尾螺的捕捞主要为小规模。一人负责开船，1～4人潜水捞螺。通常的方法是：潜水至12m深处，再用带钩的竿钩取。但随着资源过度开发，已导致大凤尾螺种群数量在曾经丰富的区域减少，浅水区大凤尾螺数量不断减少，捕捞的深度不断增加。几十年前，在佛罗里达群岛几米深的地方就能找到大凤尾螺。如今渔船要开很远，在运气好的情况下，潜水员要潜得很深才能找到零星的一两个。

现代潜水设备已经成为捕捞大凤尾螺的主要工具，能使潜水员的潜水深度达30m甚至更深。由于现代设备能在水下待较长时间，配备现代潜水工具的潜水员通常在水中就将螺壳扔掉，以方便将更多数量的螺肉带上船。

产业化的大凤尾螺捕捞业已在牙买加、洪都拉斯和多米尼加等国兴起。该产业使用能靠近海岸的大型船只，每只船搭载40名或更多的潜水员，捕捞过程可长达整整一周。实际捕捞时与小规模捕捞一样，也是使用较小的船只来完成。大船只是作为"母船"，起后勤和补给的作用，并不参与捕捞。潜水员可在大船过夜，并把它作为他们每天往来的基地。捕捞的大凤尾螺也可在大船汇集，之后运往加工厂。

2.1.6　养殖

（1）大凤尾海螺的养殖

为了给过度开发的产地予以补充，并生产市场所需的螺肉，自20世纪70年代开始进行了大凤尾螺的人工养殖。但第一家商业养殖场直到1984年才在特克斯和凯科斯群岛建立。大规模海螺养殖技术如今已非常成熟。在特克斯和凯科斯群岛的海螺场已发展成用海中大围栏来饲养7cm的海螺，直到它们达到15cm的市场尺寸。每座围栏能容纳5000只海螺。如此高的密度要求每周数次给围栏里的海螺补充配制饲料。

（2）海螺"珍珠"的养殖

1936年就已经开始有海螺"珍珠"养殖的报道。2009年，佛罗里达大西洋大学（Florida Atlantic University）成功培育出无核和有核的海螺"珍珠"。有核"珍珠"是用贝壳、铁、瓷等作珠核刺激形成的珍珠。

2.1.7　质量评价

海螺"珍珠"是一种价值高的有机宝石品种，尤其是天然海螺"珍珠"。一个椭圆形的17ct（克拉，1ct=0.2g）粉红色的天然海螺"珍珠"在1984年的巴黎拍卖会上以12000美元成交。

1987年，一个6.41ct深粉红色的海螺"珍珠"拍卖价为4400美元。

近期的研究表明，一千枚野生海螺里可有一颗珍珠，比之前的万分之一要高，但这些海螺"珍珠"只有1/10能够达到宝石级别。纯粹的海螺"珍珠"项链极为罕见。

海螺"珍珠"的质量评价，首先需要确定是天然还是人工养殖，然后通过颜色、结构、形状、大小等质量要素进行评价，见表2-1-3。不同质量的海螺"珍珠"见图2-1-12～图2-1-15。

表2-1-3 海螺"珍珠"的质量评价

评价因素	质量评价内容
成因	天然比养殖价值高
颜色	粉色价值最高；颜色越均匀、鲜艳，价值越高
结构	"火焰状结构"越明显，价值越高
形状	对称性越高，价值越高
大小	越大，价值越高

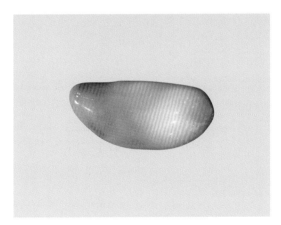

图2-1-12 颜色不均匀、形状异形的海螺"珍珠"（一）

图2-1-13 颜色不均匀、形状异形的海螺"珍珠"（二）

图2-1-14 高质量的海螺"珍珠"（一）

图2-1-15 高质量的海螺"珍珠"（二）

2.2 美乐"珍珠"

美乐"珍珠"（Melo"pearl"）也是一种没有珍珠层的"珍珠"，产自于一种美乐蜗牛（Melo Volutes，也称Indian volute或bailer shell）。

美乐蜗牛属于腹足纲，常栖息在水深约50～100m温暖的浅海砂泥底，部分可生活在更深海域中。当外来异物进入到美乐海螺体内，不断刺激，形成"美乐"珍珠。

美乐海螺的贝壳因为外形像椰子，也被称为"椰子壳"，见图2-2-1和图2-2-2。这些贝壳的颜色变化从淡黄色到黄色，棕黄色到棕色等。从美乐蜗牛壳里产出的美乐"珍珠"，也曾被称为"椰子珍珠"。

图2-2-1 美乐蜗牛贝壳（一）

图2-2-2 美乐蜗牛贝壳（二）

2.2.1 宝石学特征

美乐"珍珠"的基本性质见表2-2-1。

表2-2-1 美乐"珍珠"基本性质

主要组成矿物		碳酸钙、壳角蛋白等
形成		异物刺激外套膜
形状		圆形、椭圆形
表面特征		常呈现肉眼可见的特征的"火焰结构"，见图2-2-3和图2-2-4
内部结构		同心环状结构
光学特征	光泽	特征的丝绢光泽或瓷状光泽
	颜色	橙色至浓橙色、淡黄色至黄色、无色，红橙色罕见； 长期曝露于日光下会褪色

图2-2-3 美乐"珍珠"的火焰状结构（一）

图2-2-4 美乐"珍珠"的火焰状结构（二）

2.2.2 产地

美乐"珍珠"产于越南、缅甸、印度尼西亚、泰国、菲律宾、柬埔寨和中国等。

2.2.3 质量评价

天然美乐"珍珠"的产量极少，而且目前并没有任何成功养殖的报道。

几千个美乐蜗牛也难收获一颗"珍珠"，特别是优质"珍珠"。当前的天然美乐"珍珠"年产量约为30颗；少见圆形和橙色。有的美乐"珍珠"在亚洲的售价已经达到几十万美元。

通过颜色、结构、形状、大小等质量要素进行评价，见表2-2-2。

表2-2-2 美乐"珍珠"的质量评价

评价因素	质量评价内容
颜色	橙色价值最高，类似于成熟木瓜的强橙色调最为珍贵
结构	"火焰状结构"越明显，价值越高
形状	越圆，价值越高
大小	越大，价值越高

2.3 鲍贝珍珠

鲍贝珍珠（Abalone pearl）也称鲍鱼珍珠，是在鲍鱼体内产生的类珍珠物质。鲍贝珍珠的颜色多与鲍鱼壳内的颜色接近，表面可呈现出几种甚至七彩的干涉色。鲍贝珍珠可以不加引号。

世界各地沿海地区存在大量的鲍鱼，但是通常情况下鲍鱼不会产生珍珠。迄今为止发现只有8个品种的鲍鱼可以产出珍珠。当鲍鱼消化系统进入异物，无法消化时，可形成珍珠。

鲍鱼属于腹足类软体动物，其只有半面外壳，壳坚厚、扁而宽，鲍鱼壳见图2-3-1和图2-3-2。鲍鱼的外套膜和贝壳的形状一样，整个覆盖在身体背面，与其他螺类不同的是在鲍鱼外套膜的右侧有一条裂缝，这个裂缝的位置与贝壳边缘的孔的位置相当，在裂缝的边缘上生长着触手。

图2-3-1　鲍鱼贝壳（一）

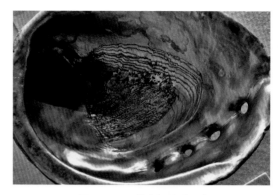

图2-3-2　鲍鱼贝壳（二）

2.3.1　宝石学特征

鲍贝珍珠的基本性质见表2-3-1、图2-3-3和图2-3-4。

表2-3-1　鲍贝珍珠的基本性质

主要组成矿物		碳酸钙、壳角蛋白等
形成		异物刺激
形状		形状不一，极少数为对称型，多为扁圆形、喇叭状或鲨鱼牙齿状
表面特征		凹坑、斑点，层状结构
内部结构		同心环状结构
光学特征	光泽	珍珠光泽，青铜般甚至镜面般的光泽
	颜色	颜色丰富，且鲜亮艳丽，一颗上可有绿色、蓝色、粉红、黄色的组合

2.3.2　产地

天然鲍贝珍珠主要产于澳大利亚、新西兰、智利等。

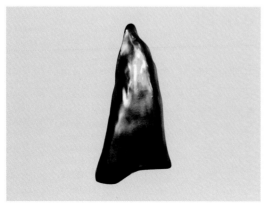

图2-3-3　鲍鱼贝壳（三）

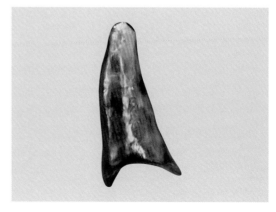

图2-3-4　鲍鱼贝壳（四）

2.3.3 养殖

养殖鲍贝珍珠（cultured abalone pearls）是把异物放入鲍鱼内，异物刺激会使鲍鱼贝分泌珍珠层来把异物隔离，从而可形成鲍贝珍珠。人工植核可以控制珍珠形态。鲍鱼贝壳和鲍鱼贝附珍珠见图2-3-5。

19世纪末，法国科学家Louis Boutan就在实验中利用欧洲鲍贝（*Haliotis tuberculata*）成功地养殖了鲍贝贝附珍珠和游离珍珠。由于鲍贝一旦受到外来创伤，极易死亡，所以养殖鲍贝珍珠及贝附珍珠的插核难度很大。

图2-3-5 鲍鱼贝壳和鲍鱼贝附珍珠

直到20世纪80年代鲍贝贝附珍珠的商业性养殖才获得成功。新西兰利用鲍贝（*Haliotis iris*）养殖了大量的贝附珍珠。在1997年的第一批商业生产中，收获了6000个首饰级贝附珍珠，直径为9～20mm，并将游离珠的生产逐步商业化。

养殖鲍贝贝附珍珠与一般养殖贝附珍珠的方法基本相同。在新西兰一般在10～12月插核，每只贝只能植入一个核。如果植入两个核，常会在两核之间形成一个"桥"，从而形成连体珠。植入的核通常为8～16mm，为酪朊塑料制作，形态一般为扁平的半圆形。为了避免伤害鲍贝，植入的核必须无尖端。如果核突起高，则其顶部往往不会有珍珠层沉淀。鲍贝术后并不马上分泌珍珠质，只在核的整个或部分表面沉积介质壳。鲍贝*Haliotis iris*分泌珍珠层的最佳温度为12～15℃，在高于18℃或低于9℃的条件下，只分泌介壳质。植入直径为10～11mm的核后，生长18个月便可长到12mm，24～30个月则可达12～18mm。现在可收获具有商业价值的贝附珍珠的鲍贝占总植核鲍贝的60%～70%。

2.3.4 质量评价

鲍贝珍珠的价值是由颜色、光泽、形状、分量和大小共同决定的。目前发现的鲍贝珍珠最大至5in（1in=2.54cm）。鲍贝珍珠与欧泊类似，可出现绿色、蓝色、粉红色、黄色以及这些颜色的组合，若是出现孔雀绿那就更加珍贵。

理想的鲍贝珍珠具有鲜艳的颜色、镜面般的光泽、对称的造型，分量适宜，最大直径超过15mm。这样品质的鲍贝珍珠非常罕见，据估计10万只左右的鲍鱼才能收获一颗。

鲍贝珍珠的质量评价见表2-3-2。

表2-3-2 鲍贝珍珠的质量评价

评价因素	质量评价内容
成因	天然鲍贝珍珠的价值远高于养殖
颜色	颜色越鲜艳、丰富，价值越高
光泽	光泽越强，价值越高；强光泽可如青铜般甚至镜面般的光泽
形状	造型越对称，价值越高
大小	越大，价值越高

2.4 砗磲"珍珠"

砗磲"珍珠"又称大蛤珠（giant clam pearl，或tridacna pearl），是在砗磲（*Tridacnidae spp.*）体内的壳里形成的。砗磲"珍珠"不具有珍珠层，一般呈瓷状光泽或丝绢光泽。

砗磲属于软体动物门双壳纲，是海洋中最大的双壳类，最大体长可达1m以上，重量达到300kg以上。壳质厚重，壳缘如齿，两壳大小相当，内壳洁白且光润，白皙如玉。外韧带通常有一个大的足丝孔。铰合部有一个主齿和1～2个后侧齿。外套痕完整，前闭壳肌消失，后闭壳肌近中央。

已发现的世界上最大的天然海水珍珠"真主之珠"又称"老子之珠"（the pearl of Lao Tzu），就是1934年在菲律宾巴拉旺海湾中捕捞到的砗磲"珍珠"，珠重达6350g。

砗磲"珍珠"具有瓷状外观，无珍珠层。砗磲"珍珠"的成分为碳酸钙晶体和有机基质。砗磲"珍珠"的碳酸钙晶体为垂直于珍珠表面分布的纤维棱柱形。光线在纤维棱柱间作用，可呈现类似"火焰"的纹理。砗磲与砗磲"珍珠"见图2-4-1和图2-4-2。

砗磲"珍珠"的基本性质见表2-4-1、图2-4-3和图2-4-4。

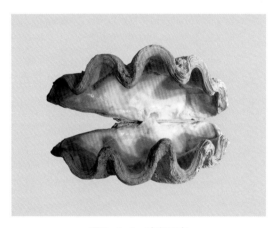

图2-4-1 砗磲贝壳

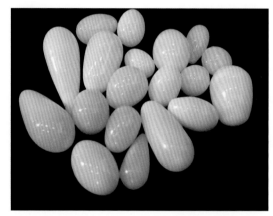

图2-4-2 砗磲"珍珠"（白）和海螺"珍珠"（一）

表2-4-1 砗磲"珍珠"的基本性质

主要组成矿物		碳酸钙、壳角蛋白等
形成		异物刺激外套膜
形状		圆形、椭圆形
表面特征		常呈现肉眼可见的特征的"火焰结构"
内部结构		同心环状结构
光学特征	光泽	特征的丝绢光泽或瓷状光泽
	颜色	白色、微黄至淡黄色

图2-4-3 砗磲珍珠（白）和海螺
"珍珠"（二）

图2-4-4 砗磲珍珠（白）和海螺
"珍珠"（三）

2.5 圆蛤珍珠

圆蛤珍珠（Quahog pearl）主产于双壳类软体动物北美圆蛤（*Mercenaria*）体内。北美圆蛤是一种主要分布于北美地区大西洋沿岸的贝类，也可见于加利福尼亚州的太平洋沿岸。

圆蛤珍珠的基本性质见表2-5-1。

表2-5-1 圆蛤珍珠的基本性质

主要组成矿物		文石等
形成		异物刺激
形状		多数不圆，常见底部平坦的纽扣形
表面特征		特征的"火焰结构"
内部结构		同心环状结构
光学特征	光泽	瓷状光泽
	颜色	白色至棕色，以及淡粉紫色至深紫色

2.6 鹦鹉螺珍珠

鹦鹉螺珍珠（Nautilus pearl）产于珍珠鹦鹉螺（*Nautilus pompilius* 或 Chambered Nautilus），是最稀少的天然珍珠品种之一，主要产于菲律宾海岸。

鹦鹉螺为鹦鹉螺科鹦鹉螺属的一种动物，其早在距今5亿多年前的奥陶纪就出现，被誉为"活化石"。鹦鹉螺壳薄且脆，呈螺旋形盘卷，壳的表面呈白色或者乳白色，最大的壳平均直径可达22cm。生长纹从壳的脐部辐射而出，平滑细密，多为红褐色。整个螺旋形外壳光滑如圆盘状，形似鹦鹉嘴，故此得名"鹦鹉螺"。将白色外壳抛除后，内层可呈珍珠光泽，因而也称"珍珠鹦鹉螺"。珍珠鹦鹉螺壳由许多腔室组成，约分36室，最末一室为躯体所居，即被称为"住室"的最大壳室中。其他各腔室则充满气体，也称"气室"。各腔室之间有隔膜隔开，室管穿过隔膜将各腔室连在一起，并传输气体和水流。鹦鹉螺及螺壳见图2-6-1和图2-6-4。

鹦鹉螺珍珠的基本性质见表2-6-1。

图2-6-1　鹦鹉螺

图2-6-2　鹦鹉螺壳外层

图2-6-3　鹦鹉螺壳内层

图2-6-4　鹦鹉螺壳的内部

表2-6-1　鹦鹉螺珍珠的基本性质

主要组成矿物		文石等
形成		异物刺激
形状		梨形、椭圆形和异形
表面特征		常呈现肉眼可见的特征的"火焰结构"
内部结构		同心环状结构
光学特征	光泽	瓷状光泽
	颜色	白色等

3

珊　瑚

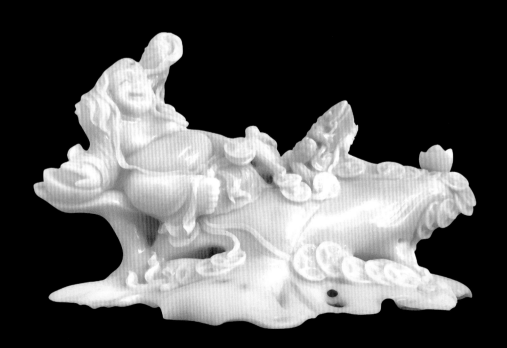

3.1 应用历史与文化

珊瑚作为装饰物，在东西方都具有悠久的应用历史以及文化。

3.1.1 国外的应用历史与文化

珊瑚的英文名称为coral，来源于拉丁语的Corallium。

珊瑚的希腊语为"Gorgeia"，是"蛇发女怪"的意思。在古希腊神话中，宙斯之子珀尔修斯将三个"蛇发女怪"之一的美杜莎杀死，并把它的头挂在海边的一棵树上，鲜血流入海中，染红了海藻，变成了红珊瑚。因此，就把红珊瑚取名为"蛇发女怪"。此外，在古希腊神话中，海神波塞冬居住在由红珊瑚和宝石做成的宫殿中；火神、砌石之神、雕刻艺术之神与手艺异常高超的铁匠之神赫菲斯托斯是以珊瑚为材料开始雕刻的。

在欧洲新石器时代（约七千年前）的洞窟之中，已经发现有珊瑚的碎片。在四千多年前的古巴比伦、古埃及，也有珊瑚做成的手工艺品。在古波斯，人们通过气味来鉴别真假珊瑚：当珊瑚上有海的味道时，就是真的珊瑚。在古印度，珊瑚被用作神秘、高贵的供祀品。古罗马人认为珊瑚能平息海浪、消除灾祸，给人智慧和药用功能，常把珊瑚枝挂在小孩的脖子上，直到现在，意大利人还流行用珊瑚作为护身符。非洲及美洲印第安人也特别敬重珊瑚，认为珊瑚是水神的化身。

现代西方人把珊瑚与珍珠和琥珀并列为三大有机宝石。红珊瑚被作为三月生辰石、结婚35周年纪念品。

3.1.2 国内的应用历史与文化

在国内，红珊瑚历来被视为祥瑞幸福之物，象征幸福与永恒，一直是中国历代宫廷权贵喜爱追捧的珍宝和装饰品。中国历代皇帝，多有一出生便佩戴红珊瑚祈福驱邪的传统。

据传河伯因大禹治水有功，向大禹献上大量奇珍异宝，大禹只选了三件，其中一件便是珊瑚。

汉时，王室贵族大兴前庭植玉树之风，"珊瑚为枝，以碧玉为叶"，陈设于正屋前庭，奢华无比。

自唐、宋至元、明、清，珊瑚一直是皇亲贵戚、富豪权贵的爱物。盛唐时社会富足，女子流行梳高发髻、戴珊瑚发钗，著名诗人韦应物留下了《咏珊瑚》的名句："绛树无花叶，非石亦非琼。世人何处得，蓬莱石上生。"

明代，皇家专门设有储存珠宝珊瑚的文华殿，珊瑚成为皇家非常看重的贵重饰品。

清朝二品官上朝穿戴的帽顶及朝珠系由贵重红珊瑚制成。帝后的朝珠也都有红珊瑚。清朝留下了众多的红珊瑚摆件、饰品，以及镶嵌红珊瑚的器物，见图3-1-1～图3-1-7。

珊瑚与佛教的关系密切，是"佛教七宝"之一。藏传佛教徒把珊瑚作为祭佛的吉祥物，多用来做佛珠，或用于装饰神像。喇嘛高僧也多持红珊瑚所制的念珠。

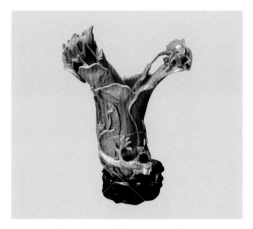

图3-1-1 清朝红珊瑚摆件

图3-1-2 清代红珊瑚如意

图3-1-3 清代镶嵌有红珊瑚的宫
廷器物（一）

图3-1-4 清代镶嵌有红珊瑚的宫
廷器物（二）

图3-1-5 清代宫廷红珊瑚饰品
（一）

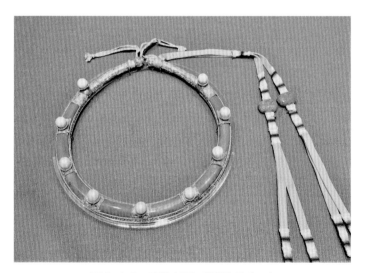

图3-1-6 清代宫廷红珊瑚饰品（二）

图3-1-7 穿有红珊瑚珠的清代朝珠

3.1.3 药用功能

珊瑚在古代是一种名贵药材。《本草纲目》中记述，珊瑚有明目、止血、除宿血之功效；《唐本草》有红珊瑚"去翳明目，安神镇静，治疗惊痛"的记载。

古罗马人将红珊瑚称为"红色黄金"，赋予其防病除灾、增添智慧的神秘色彩，常把珊瑚枝挂在小孩的脖子上，相信珊瑚能保佑孩子的健康安全，可护身、避邪，及治疗妇女的不育症；还能平息风浪、帮助佩戴者预防闪电和飓风。甚至到了古罗马文化鼎盛时期，人们竟相信镶有珊瑚和燧石的"狗用套圈"对狂犬病有重要的医疗功能；相信"珊瑚药酒"能排汗利尿，把人体内的恶性体液排出去。在古代西方，人们还相信珊瑚有治眼疾、镇血之功用。

3.1.4 贸易限制

所有宝石用的珊瑚基本上都列在《濒危野生动植物种国际贸易公约》(the Convention on International Trade in Endangered Species of Wild Fauna and Flora, CITES，俗称《华盛顿公约》)的名单上。因此，在世界上大多数国家和地区，珊瑚捕捞和交易是受到严格控制的，需要所在国家或地区政府颁发的牌照，才可以进行相关的活动。

虽然很多珊瑚品种在很多国家和地区可以买到，但需要注意的是，在很多国家间，珊瑚的进出口贸易也是严格控制，甚至禁止的。

3.2 成因

珊瑚是海生底栖腔肠动物珊瑚虫的骨骼堆积物。以碳酸钙集合体和有机质或角质的形式存在，形态多呈树枝状，上面有纵条纹，每个单体珊瑚横断面可有同心圆状和放射状条纹。

珊瑚虫珊瑚是刺胞动物门珊瑚纲海生无脊椎动物，是一种海生圆筒状腔肠动物，多群居，结合成一个群体。珊瑚虫身体呈圆筒状，有八个或八个以上的触手，触手中央有口。珊瑚虫在白色幼虫阶段便自动固定在先辈珊瑚的骨骼堆上。这些动物的骨骼，为具有碳酸钙质或角质的内骨骼或外骨骼。

珊瑚虫的身体由2个胚层组成：位于外面的细胞层称外胚层；里面的细胞层称内胚层。内外两胚层之间有很薄的、没有细胞结构的中胶层。无头与躯干之分，没有神经中枢，只有弥散神经系统。当受到外界刺激时，整个动物体都有反应。其生活方式为自由漂浮或固着底层栖息地。食物从口进入，食物残渣从口排出，以捕食海洋里细小的浮游生物为生，在生长过程中能吸收海水中的钙和二氧化碳，然后分泌出碳酸钙，变为自己生存的外壳。

珊瑚虫的卵和精子由隔膜上的生殖腺产生，经口排入海水中。受精通常发生于海水中，有时亦发生于胃循环腔内。通常受精仅发生于来自不同个体的卵和精子之间。受精卵发育为覆以纤毛的浮浪幼虫，能游动。数日至数周后固着于固体的表面上发育成水螅体。珊瑚虫也可以出芽的方式生殖，芽形成后不与原来的水螅体分离。新芽不断形成并生长，于是繁衍成群体。新的水螅体生长发育时，其下方的老水螅体死亡，但骨骼仍留在群体上。

珊瑚是珊瑚虫的分泌物，构成珊瑚虫的支撑结构。

宝石用的贵珊瑚不构成大的礁，而是呈较小的分枝状构造附着于海底，其形态多呈树枝状，见图3-2-1和图3-2-2。

图3-2-1　附着于礁石上的珊瑚枝（一）

图3-2-2　附着于礁石上的珊瑚枝（二）

3.3　宝石学特征

3.3.1　基本性质

珊瑚的基本性质见表3-3-1。

表3-3-1　珊瑚的基本性质

<table>
<tr><td colspan="2">化学成分</td><td>钙质珊瑚：主要由无机成分（CaCO₃）和有机成分等组成
角质珊瑚：几乎全部由有机成分组成</td></tr>
<tr><td colspan="2">结晶状态</td><td>钙质珊瑚：无机成分为隐晶质集合体，有机成分为非晶质
角质珊瑚：非晶质</td></tr>
<tr><td colspan="2">结构</td><td>钙质珊瑚：树枝状，横截面同心环状、蛛网状
角质珊瑚：树枝状，横截面同心环状、蛛网状</td></tr>
<tr><td rowspan="4">光学
特征</td><td>颜色</td><td>钙质珊瑚：浅粉红至深红色，橙色，白色及奶油色，蓝色
角质珊瑚：黑色，金黄至黄褐色</td></tr>
<tr><td>光泽</td><td>蜡状光泽至玻璃光泽</td></tr>
<tr><td>透明度</td><td>半透明至不透明</td></tr>
<tr><td>紫外荧光</td><td>紫外灯下可呈弱至强蓝白色荧光或紫蓝色荧光</td></tr>
<tr><td rowspan="3">力学
特征</td><td>摩氏硬度</td><td>3～4</td></tr>
<tr><td>韧度</td><td>高</td></tr>
<tr><td>相对密度</td><td>1.30～7.00</td></tr>
<tr><td colspan="2">表面特征</td><td>钙质珊瑚：颜色和透明度稍有不同的平行条带，波状构造
角质珊瑚：横截面年轮状构造，呈同心环状；珊瑚原枝纵面表层具丘疹状外观</td></tr>
<tr><td colspan="2">其他特征</td><td>钙质珊瑚：遇盐酸起泡，遇高温火焰会变黑
角质珊瑚：加热时可有蛋白质烧焦的气味</td></tr>
</table>

3.3.2　化学成分

　　珊瑚按成分的不同，可分为钙质珊瑚和角质珊瑚。

　　钙质珊瑚的成分主要由无机成分$CaCO_3$、有机成分硬蛋白质（conchaolin）和水组成，$CaCO_3$在贵珊瑚中主要以方解石为主，在白珊瑚和蓝珊瑚中主要以文石为主，含有Na、S、Fe、P、K、Sr、Si、Mn等十几种微量元素，富Sr、Fe，贫Mn；而角质型黑珊瑚和金珊瑚几乎全部由有机质组成，很少或不含碳酸钙，其化学式为$C_{32}H_{48}N_2O_{11}$。

3.3.3　结晶状态、形态及结构

　　珊瑚的无机成分主要为隐晶质集合体，有机成分为非晶质。

　　珊瑚的形态奇特多姿，集合体多呈树枝状、星状、蜂窝状等。宝石珊瑚主要呈树枝状，见图3-3-1和图3-3-2。

　　珊瑚的表面和内部可有孔洞、瘤刺、凸起等，见图3-3-3～图3-3-6。

　　枝体上有平行的纵条纹，或呈波状，是由纵向管状通道产生的细质脊状构造沿分枝纵向延伸的结果，见图3-3-7和图3-3-8。

图3-3-1　树枝状的红珊瑚

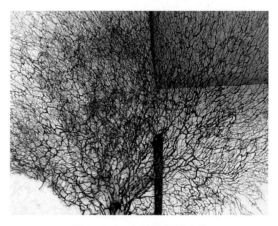

图3-3-2　树枝状的黑珊瑚

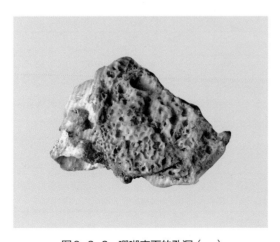

图3-3-3　珊瑚表面的孔洞（一）

图3-3-4　珊瑚枝表面的孔洞（二）

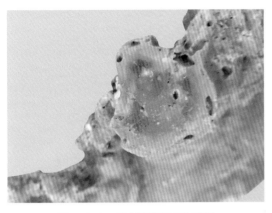

图3-3-5 珊瑚枝横断面的孔洞

图3-3-6 珊瑚原枝表面的凸起

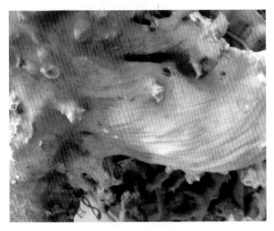

图3-3-7 珊瑚原枝表面的波状平行纹（一）

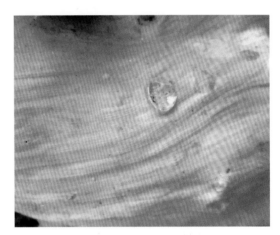

图3-3-8 珊瑚原枝表面的波状平行纹（二）

在珊瑚的横切面上可见同心圆状及放射状纹，由颜色深浅不同的色圈组成；部分红色珊瑚的横切面上还可见白芯，见图3-2-9和图3-2-10。

图3-3-9 红珊瑚的白芯

图3-3-10 红珊瑚横切面的白芯和同心环状结构

3.3.4 颜色

颜色是珊瑚的主要魅力，钙质珊瑚的常见颜色为浅粉红至深红色、橙色、白色、奶油色，以及蓝色。角质珊瑚的颜色一般为深棕色至金黄色，以及黑色。珊瑚的颜色见图3-3-11～图3-3-15。

图3-3-11　红珊瑚

图3-3-12　白珊瑚

图3-3-13　蓝珊瑚

图3-3-14　金珊瑚

图3-3-15　黑珊瑚

3.3.5 光泽和透明度

原枝珊瑚的光泽常呈土状，见图3-3-16。成品珊瑚的光泽一般为蜡状、油脂到玻璃光泽，见图3-3-17～图3-3-19。不同的珊瑚品种抛光后可呈现不同的光泽。

珊瑚的透明度为不透明至亚半透明，不同的珊瑚品种透明度也不同。

3.3.6 紫外荧光特性

角质珊瑚一般在长、短波紫外灯下为荧光惰性。

图3-3-16 未经加工的珊瑚原枝的土状光泽

图3-3-17 呈蜡状光泽的成品珊瑚

图3-3-18 呈油脂光泽的成品珊瑚

图3-3-19 呈玻璃光泽的成品珊瑚

钙质珊瑚在紫外线下呈现无至弱的白色、蓝白色或红色荧光。

白色珊瑚在长短波下可能为惰性，或呈蓝白色荧光；浅棕色至深棕色、红色或粉红色珊瑚在紫外灯下或为惰性或呈现橙色至粉红色的荧光；有些深红色珊瑚可能出现暗红色至紫红色的荧光。

3.3.7 密度和摩氏硬度

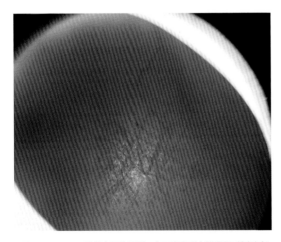

图3-3-20 珊瑚表面长期与宝石镊子接触留下的划痕

珊瑚的密度一般为1.35～2.65g/cm³，且随有机成分含量增加而变小。一般钙质珊瑚的密度为2.6～2.7g/cm³，角质型珊瑚的密度为1.30～1.50g/cm³。

摩氏硬度为3～4.5，长期与宝石镊子等硬物接触会留下划痕，见图3-3-20。

3.3.8 表面特征

钙质珊瑚颜色为白色、粉红、红色和蓝色等，颜色可不均匀，呈条带状、团块状等；表面有虫孔、凹坑等生长瑕疵。部分珊瑚珊瑚品种常有裂隙。珊瑚的表面特征见图3-3-21～图3-3-26。

大型雕刻件可见树枝的弯曲。

珊瑚原料呈枝状，以沿纵向延伸的细波纹状构造为特征，枝状体的横截面上显示同心的"蜘蛛网状"构造。

放大检查可见钙质珊瑚虫腔体表现为颜色和透明度稍有不同的平行条带，波状构造；可见小的珊瑚虫孔。角质珊瑚中黑珊瑚的横切面显示同心圆生长结构，跟树的年轮一样。金黄色珊瑚除同心构造外，还有独特的小丘疹状外观。

图3-3-21　珊瑚的平行条纹

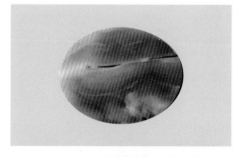

图3-3-22　珊瑚的颜色条带与裂隙

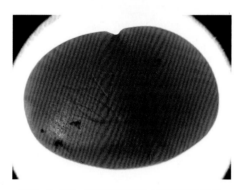

图3-3-23　红珊瑚表面的虫孔和平行条纹

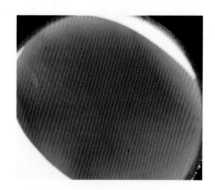

图3-3-24　颜色不均匀的红珊瑚

图3-3-25　黑珊瑚原枝横截面的同心环状构造

图3-3-26　成品黑珊瑚横截面的蛛网状构造

3.3.9　光谱学特征

（1）拉曼光谱

多孔的浅海盆景白珊瑚具有文石特征，见图3-3-27。1086cm^{-1}为碳酸根离子对称伸缩振

动 ν_1，702cm^{-1}和705cm^{-1}为碳酸根离子面内弯曲振动 ν_4，272cm^{-1}、208cm^{-1}、191cm^{-1}、154cm^{-1}为文石的晶格转动及平动模式。

宝石级白珊瑚和红珊瑚珊瑚具有1085cm^{-1}、712cm^{-1}、282cm^{-1}等的方解石特征谱峰。宝石级红珊瑚白芯的拉曼谱图与天然白珊瑚的相同，在2000～4000cm^{-1}范围内无特征谱峰，见图3-3-28。

深红色、红色、桃红色、粉红色珊瑚的拉曼光谱，无一例外地出现一套强度相对稳定的1520cm^{-1}和1130cm^{-1}谱峰，1132cm^{-1}属于C—C单键的伸缩振动（ν_2），1527cm^{-1}属于C═C双键的伸缩振动（ν_1）；当这对谱峰强度较大时，还伴随1298cm^{-1}、1018cm^{-1}弱谱峰的成套出现。深红色珊瑚的拉曼光谱见图3-3-29。随着颜色由浅至深，有机物拉曼谱峰强度由弱到强变化。

（2）红外光谱

珊瑚的红外光谱主要出现碳酸根、有机质和水的振动。$[CO_3]^{2-}$的振动主要为1082cm^{-1}左右的 ν_1 振动，873cm^{-1}左右的 ν_2 振动，1480cm^{-1}左右的 ν_3 振动，699cm^{-1}、708cm^{-1}或713cm^{-1}左右的 ν_4 振动等；1600～3000cm^{-1}为有机质振动；3420cm^{-1}为H—O—H的 ν_1 振动。见图1-3-30～图1-3-32。

（3）X射线粉晶衍射

造礁珊瑚主要为文石，宝石级枝状珊瑚主要为方解石。黑珊瑚和金珊瑚主要为有机成分，为非晶质，见图3-3-33。

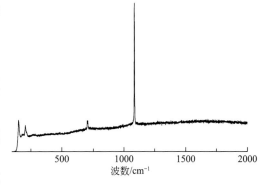
图3-3-27　白色盆景珊瑚的拉曼光谱

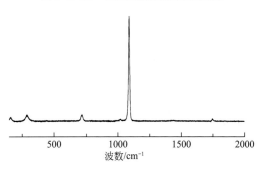
图3-3-28　宝石级白珊瑚的拉曼光谱

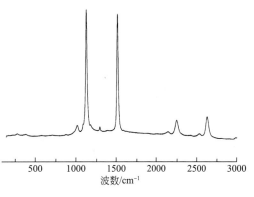
图3-3-29　宝石级红珊瑚的拉曼光谱

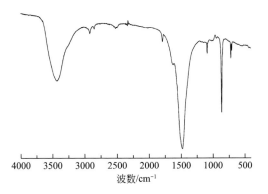
图3-3-30　白色盆景珊瑚的红外透射光谱

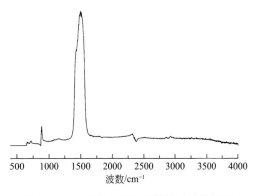
图3-3-31　白色宝石级珊瑚的红外反射光谱

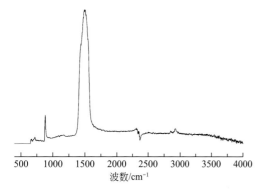

图3-3-32　红色宝石级珊瑚的红外反射光谱

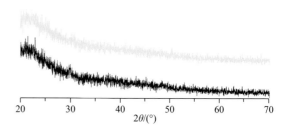

图3-3-33　金珊瑚（上）和黑珊瑚（下）的X射线
粉晶衍射图

3.4　分类

　　人们常常误以为凡产自海中呈红色的珊瑚都是宝石级红珊瑚。事实上，从宝石学和生物分类学角度分析，根据E.M.Bayer的分类系统，只有硬轴珊瑚亚目（scleraxonia）红珊瑚科（Coraliidae）中的动物骨骼堆积物才属于宝石级红珊瑚范畴。

　　珊瑚的种类很多，主要分为两大类：贵珊瑚和造礁珊瑚。能做宝石的珊瑚为贵珊瑚。

3.4.1　不同的分类方法

　　珊瑚现有6100多种，品种繁多，分类方式多样。

（1）造礁珊瑚与非造礁珊瑚

　　造礁珊瑚，指可建造珊瑚礁，由其发育成的珊瑚礁平台，能大大缓解台风、暴风潮等天灾对海岸生态的破坏作用。

　　非造礁珊瑚，指不能建造珊瑚礁的珊瑚。非造礁珊瑚指没有单细胞藻类共生，不形成礁体的六射珊瑚。单体，适应性广，5000m以下的深水、无光的海底也可生存，以水深500m、水温4.5～10℃地带最为繁盛。

（2）浅海珊瑚与深海珊瑚

　　浅海珊瑚也称造礁珊瑚，由其发育成的珊瑚礁平台，能大大缓解台风、暴风潮等天灾对海岸生态的破坏作用。

　　深海珊瑚又称贵重珊瑚，它的石化过程是在深海中完成，珊瑚玉石的孔隙较小，密度较大，结构致密，是各种雕刻艺术品和珠宝首饰的主要原料。深海珊瑚中以红珊瑚最为珍贵。

（3）四射珊瑚、六射珊瑚和八射珊瑚

　　根据软体动物特点，如触手和隔膜数量以及骨骼特征可将珊瑚划分为四射珊瑚、六射珊瑚和八射珊瑚等。古生代地质时期以四射珊瑚为主，中生代时期出现了六射珊瑚，新生代时期多见八射珊瑚。

　　四射珊瑚有四个隔膜，四个触手；六射珊瑚隔膜与触手的数量为六或六的倍数；八射珊瑚隔膜与触手的数量是八或八的倍数。

常见的石珊瑚为六射珊瑚，为主要的造礁珊瑚；苍珊瑚、柳珊瑚及贵珊瑚等均为八射珊瑚，大多数为非造礁珊瑚。

（4）钙质珊瑚和角质珊瑚

按组成成分可分为钙质珊瑚和角质珊瑚。

钙质型珊瑚主要由碳酸钙组成，含有少量有机质，是常见的宝石级珊瑚。

角质型珊瑚主要由有机质组成。

（5）珊瑚的宝石学分类

宝石级珊瑚按成分可分为钙质珊瑚和角质珊瑚，按颜色可分为红珊瑚、白珊瑚、蓝珊瑚、黑珊瑚和金珊瑚，见图3-4-1和表3-4-1。

其中以红珊瑚最为珍贵，属于深海珊瑚和钙质珊瑚。红珊瑚按颜色不同又可分为深红珊瑚、桃红珊瑚、粉红珊瑚、粉白珊瑚、白色珊瑚等五大类。

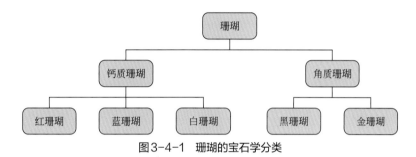

图3-4-1　珊瑚的宝石学分类

表3-4-1　珊瑚的宝石学分类

宝石学品种	钙质珊瑚	红珊瑚（粉白珊瑚至红珊瑚系列）：粉白色、浅粉红至深红色、橙色的钙质珊瑚
		白珊瑚：白色钙质珊瑚
		蓝珊瑚：蓝色钙质珊瑚
	角质珊瑚	黑珊瑚：黑色角质珊瑚
		金珊瑚：金黄、黄褐色角质珊瑚，多数为黑珊瑚漂白而来

3.4.2　贵珊瑚

贵珊瑚（precious coral）也称贵重珊瑚，是珊瑚贸易商最常使用的商业用语，在所有的宝石级珊瑚种类中，以红珊瑚最为珍贵，因此在贸易中，红珊瑚就成为贵重珊瑚的代名词。

有的分类将红珊瑚与贵珊瑚完全等同。由于"贵珊瑚"的颜色包括白色，特别是最重要的品种阿卡珊瑚有白色，因此红珊瑚的系列中也包括白色珊瑚；按习惯，将价值高于普通白珊瑚的白色阿卡珊瑚归于红珊瑚系列，称为"白色阿卡珊瑚"；其他白色的珊瑚按颜色归为白珊瑚。有的分类并不将白色珊瑚列入依据颜色命名的红珊瑚系列中。

由于目前白色珊瑚在宝石珊瑚中，产量和价值都不如红色珊瑚，并不占据重要的地位，所以是否将白珊瑚列入红珊瑚，就目前而言并不是重要的宝石学问题。

贵珊瑚的主要品种见表3-4-2和图3-4-2。

表3-4-2　贵珊瑚的主要品种

种类	商业别称	颜色	其他特征	产量	产地
深红珊瑚 （*Corallium Japonicum*）	阿卡 （AKA）	深红色，少量为粉色、白色	具有明显白芯玻璃光泽、微透明结构紧密、纹路细腻	稀少	中国台湾、日本
桃红珊瑚 （*Corallium Elatius*）	摩摩 （MOMO）	橙黄色至砖红色，桃红色至朱红色	具有白芯白点	相对较大	中国台湾、日本
	天使肌肤 （Angel Skin）	浅粉色		十分稀少	
全红珊瑚 （*Corallium Rebrum*）	沙丁（Sadinia）	橘色至橘红色，朱红色、正红色、深红色	无白芯 常具有沙眼	相对较大	地中海、沙丁岛
深水珊瑚 （*Corallium* sp.）	深水珊瑚	白色或粉色的底色上，有较深的红色、浅粉的色斑	具有明显白芯		太平洋中途岛
粉红珊瑚 （*Corallium Secundum*）	美西珊瑚 （MISU）	橙粉色至粉色，粉色	株体较小； 可有白芯		中国台湾、日本、菲律宾、太平洋中途岛
	天使肌肤 （Angel Skin）	浅粉色		十分稀少	
白珊瑚 （*Corallium Konojoi*）		乳白色	类似于白色陶瓷，表面可有散沙状粉红色色域、色斑		中国台湾、日本

（a）正面　　　　　　　　　　　　　　　（b）背面

图3-4-2　贵珊瑚主要品种和颜色

3.4.3　红珊瑚

　　本书中的"红珊瑚"主要指红色珊瑚，不包括除白色阿卡珊瑚外的白色珊瑚，包括阿卡（AKA）珊瑚、摩摩（MOMO）珊瑚、沙丁珊瑚、深水珊瑚和粉红珊瑚等红色系列的贵珊瑚品种。

宝石级红珊瑚主要属于八射珊瑚亚纲（Octocorallia）、软珊瑚目（Alcyonacea）、硬轴珊瑚亚目（Scleraxonia）、红珊瑚科（Coralliidae）。宝石级红珊瑚生活时，有8个触手的水螅体呈白色，骨骼的颜色有红色、粉红色、橙黄色和白色。

（1）阿卡珊瑚

阿卡珊瑚也称深红珊瑚、赤珊瑚，阿卡常被写作AKA，是日语"赤"的音译。阿卡珊瑚的主要产出地是日本和中国台湾地区，生长在海平面下约100～300m的水域。

阿卡珊瑚是红色珊瑚中最重要也是价值最高的品种。阿卡珊瑚的颜色主要为浓红色，优质者称为"牛血红""辣椒红"等；少量为粉色、白色。

阿卡珊瑚最重要的鉴定特征是：

① 具有玻璃光泽，透明度一般较其他珊瑚品种高，结构紧实细密，纹路细腻。珊瑚的捕捞和加工业者将这些特征形象地称为"玻璃感"。

② 红色系列的阿卡珊瑚一般具有白芯。白芯附近颜色常不均匀。表面常有虫孔等孔洞。成品珊瑚往往只能一面无瑕，另一面常有裂纹、孔洞等瑕疵。

③ 横截面可见蜘蛛网状结构，也称放射状结构。纵截面可见颜色和透明度略有差异的波状平行纹，一般成品珊瑚的正面不易观察到，而背面容易观察到。

阿卡珊瑚及其主要鉴定特征见图3-4-3～图3-4-17。

图3-4-3　树枝状阿卡珊瑚原枝

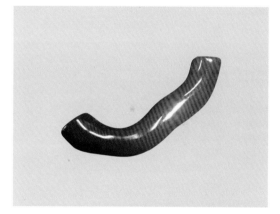

图3-4-4　阿卡珊瑚质地细腻，颜色浓艳

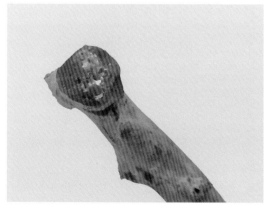

图3-4-5　阿卡珊瑚的白芯和孔洞

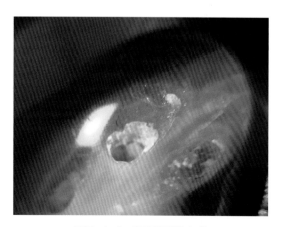

图3-4-6　阿卡珊瑚的白芯

图3-4-7　阿卡珊瑚横截面的蜘蛛网状结构（一）

图3-4-8　阿卡珊瑚横截面的蜘蛛网状结构（二）

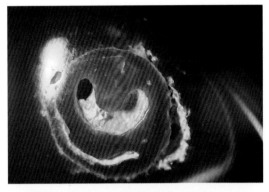

图3-4-9　阿卡珊瑚横截面的环状裂隙（一）

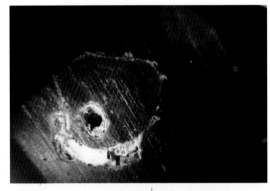

图3-4-10　阿卡珊瑚横截面的环状裂隙（二）

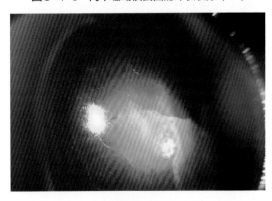

图3-4-11　阿卡珊瑚横截面的白芯、裂纹和
蜘蛛网状结构

图3-4-12　阿卡珊瑚纵面的孔洞、颜色不均

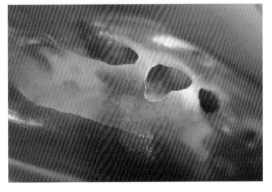

图3-4-13　阿卡珊瑚表面的孔洞、裂隙和颜
色不均（一）

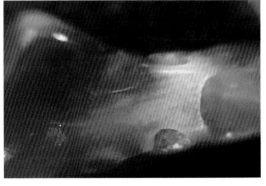

图3-4-14　阿卡珊瑚表面的孔洞、裂隙和颜
色不均（二）

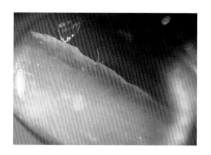

图3-4-15 阿卡珊瑚纵面的波状纹与裂隙

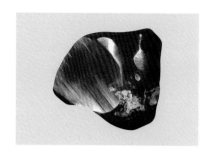

图3-4-16 阿卡珊瑚成品背面常有瑕疵

（a）正面

（b）背面

图3-4-17 阿卡珊瑚成品常正面无瑕或少瑕，背面多瑕疵

（2）摩摩珊瑚

摩摩，一般写作MOMO，来源于日语的"桃红色"，意指此类珊瑚的颜色常呈桃红色。主要产出地是日本和中国台湾地区，生长在海平面下约100～300m的水域。

MOMO珊瑚的颜色主要为桃红至朱红色，也有橙黄至橙红色；此外还有粉色，优质者称为"天使肌肤"或"天使面"。

MOMO珊瑚的主要鉴定特征是：

① 常为油脂光泽，不透明或透明度明显比阿卡珊瑚低，结构紧实细密，纹路较明显。从业者称MOMO珊瑚具有"瓷感"。

② 一般具有白芯，红色部分较均匀。

③ 横截面可见蜘蛛网状结构，也称放射状结构，纵截面常可见明显的颜色和透明度有差异的波状平行纹。

MOMO珊瑚及其主要鉴定特征见图3-4-18～图3-4-23。

图3-4-18 红色MOMO珊瑚抛光原枝

图3-4-19 红色和粉红色MOMO珊瑚

图3-4-20　橙色MOMO珊瑚横截面的白芯和同心
环状结构

图3-4-21　橙红色MOMO珊瑚横截面的白芯和同
心环状结构

图3-4-22　红色MOMO珊瑚横截面的白芯和同心
环状结构

图3-4-23　"天使肌肤"MOMO珊瑚

（3）沙丁珊瑚

沙丁（Sadinia）珊瑚最初特指生长在意大利撒丁岛附近海域的深水红珊瑚，目前可泛指产自地中海的深水红珊瑚。沙丁珊瑚的生长水域较阿卡和MOMO浅，在海平面下70～280m左右；生长速度也比这两种珊瑚快。

沙丁珊瑚的主要鉴定特征是：

① 常呈蜡状至油脂光泽，颜色与阿卡和MOMO相似，透明度与MOMO相似，纵截面常可见明显的颜色和透明度有差异的波状平行纹。

图3-4-24　红色沙丁珊瑚原枝及表面的"沙眼"

② 与中国台湾和日本出产的阿卡和MOMO的最大区别是：沙丁珊瑚无白芯。

③ 表面常具有俗称为"沙眼"的孔洞，比阿卡珊瑚少。

④ 常磨成用于项链或珠串的珠子。

沙丁珊瑚及其主要鉴定特征见图3-4-24～图3-4-26。

（4）深水珊瑚

深水珊瑚（*Corallium* sp.，或deep sea

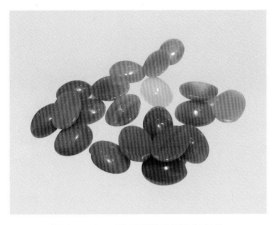

图3-4-25 沙丁珊瑚的颜色和条纹

图3-4-26 沙丁珊瑚常磨成各种珠子

coral）生长海域较深，生长在太平洋中途岛900～1500m左右的深海水域，故称"深水"珊瑚。

深水珊瑚的主要鉴定特征是：

① 体色为白、粉红、橙红或浅红色，有比体色深的粉红、橙红和红色的颜色斑块。

② 常具有裂纹。可能的原因是深水珊瑚从海洋深处采集，受海水压力的影响较大，如果捕捞过程速度快，外压减小和内应力释放快，则容易出现裂纹。

深水珊瑚的主要鉴定特征见图3-4-27和图3-4-28。

图3-4-27 深水珊瑚枝上可见玻璃光泽、裂纹和
色斑

图3-4-28 橙色深水珊瑚

（5）粉红珊瑚

粉红珊瑚（*Corallium Secundum*），也称美西（MISU）珊瑚，主要生长在中途岛附近300～600m深的水域，原枝的株体较小。

深水珊瑚的主要鉴定特征是：

① 主要为粉色，可有白芯或同心环状色带，有的还存在鲜艳的粉红色至浅粉红色或稍白颜色的同心环状色带。

② 色浅的粉红珊瑚常有粉红色或橙色、粉红色的暗区或斑点。

③ 珊瑚原枝株体一般较小；一面较为光滑，另一面常有小的瘤刺、珊瑚枝等凸起。

深水珊瑚及其主要鉴定特征见图3-4-29～图3-4-32。

（a）有凸起面   （b）光滑面

图3-4-29 粉红珊瑚原枝（一）

（a）有凸起面   （b）光滑面

图3-4-30 粉红珊瑚原枝（二）

图3-4-31 抛光的粉红珊瑚枝   图3-4-32 粉红珊瑚珠子

3.4.4　白珊瑚

关于白珊瑚的分类目前并没有统一的规定。有的认为仅为深水珊瑚中的白珊瑚（*Corallium Konojoi*）；有的认为依据颜色分，凡是具有宝石和工艺品价值的白色珊瑚，都应归属白珊瑚，包括白色的阿卡珊瑚等其他品种，以及用作盆景等的浅海白珊瑚。

本书在分类时，将白色的阿卡珊瑚和深水珊瑚划分到红珊瑚系列，其他用作宝石和工艺品的白色珊瑚称为白珊瑚。

宝石级的白珊瑚主要为深水珊瑚中的白珊瑚，主要生长在日本和中国台湾地区70～300m左右深度的水域；矿物相主要为方解石。此外，浅海造礁珊瑚也有部分用作盆景，其矿物相主要为文石，但由于其疏松多孔，并不常作为首饰使用。

白珊瑚的主要鉴定特征为：

① 白色、乳白色等；油脂至玻璃光泽；表面可少孔洞，少裂隙；"瓷感"强，外观类似白色陶瓷。

② 表面可有散沙状粉红色色域、色斑。

③ 横截面可见蜘蛛网状结构。

白珊瑚及其主要鉴定特征，见图3-4-33和图3-4-34。

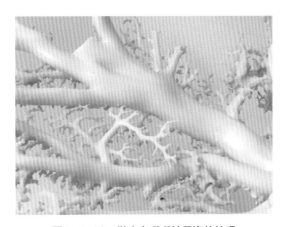 

图3-4-33　抛光白珊瑚枝具瓷状外观　　　　　　图3-4-34　白珊瑚珠子

3.4.5　蓝珊瑚

蓝色珊瑚（blue coral，*Heliopora coerulea*）是呈蓝色、浅蓝色的珊瑚，属于八射珊瑚亚纲（Octocorallia），最早出现在白垩纪。作为苍珊瑚目（Helioporidae）唯一的物种，在太平洋的热带区域和印度太平洋浅水区最常见。

蓝珊瑚没有骨针（spicules），文石晶体融合成层状骨架，原枝直径可以超过1m，呈薄层状或枝状。加工后可做摆件或珠子等首饰。

蓝珊瑚的主要鉴定特征为：

① 蓝色并不均匀，常为蓝白相间的条带状，或白色或浅蓝色体色上常有较深蓝色的斑点，蓝色可能是由铁盐所致；蜡状至油脂光泽，不透明。

② 部分蓝珊瑚，特别是呈薄层状产出的结构疏松，多孔。枝状产出的蓝珊瑚一般比薄层状产出的蓝珊瑚结构更紧实，横截面可见蜘蛛网状结构。

蓝珊瑚的主要鉴定特征见图3-4-35～图3-4-38。

图3-4-35　薄层状蓝珊瑚

图3-4-36　枝状蓝珊瑚横截面可见蜘蛛网状结构

图3-4-37　蓝珊瑚的孔隙

图3-4-38　蓝珊瑚的蓝色常为条带状和斑状

3.4.6　黑珊瑚

黑珊瑚（black coral，或 *Antipatharia*）为一种深海珊瑚，是与海葵（sea anemone）相关的树枝状角质珊瑚。黑珊瑚的学名 *Antipatharia* 来自其属的名称 *Antipathes*，希腊语的意思是"预防疾病"，在远东和印度洋-太平洋地区，指的是共同的信念，人们相信这种类型的珊瑚有神秘的疗效。古时候，人们相信佩戴黑珊瑚项链可以辟邪，还有传说认为，黑珊瑚磨成粉可作食用的药。在现实中，由于黑珊瑚是蛋白质，它有潜在的可能适得其反的效果，对于一些人产生严重的过敏反应。然而，并没有因为佩戴黑珊瑚首饰而引起的过敏反应的报告。黑色珊瑚还是美国夏威夷的官方宝石。

灰黑至黑色的角质型珊瑚，几乎全由角质组成。高大者可形成珊瑚树。主要产于非洲的喀麦隆沿海和夏威夷群岛等国家和地区。有的黑珊瑚可以长到3m高，但几乎没过超过10m高的。黑珊瑚枝的形态可以高度统一和对称。珊瑚枝是由单体小于几毫米的珊瑚虫活体不断堆积而成。多数情况下，这些小的珊瑚必须借助放大镜才能看清。

黑珊瑚通常生长在热带地区，一般在水深20～1000m的深度，目前发现最深的深度可达8600多米，而浅的只有几米。除少数外，珊瑚枝一般会在坚硬的基地上附着，再继续生长。对世界各地300～3000m深度的深海珊瑚的研究表明，黑珊瑚中的 *Leiopathes* 品种是地球上最古老的生物体，为4265年左右。珊瑚放射性结构生长的速率约为4～35μm/a，单个珊瑚枝的寿命大约有上千年。

黑珊瑚的主要鉴定特征为：

① 黑色或深褐色的体色；原枝细小珊瑚枝可为红棕色。虽然组成黑珊瑚的活体海葵的颜色鲜艳，但是黑珊瑚却因其枝体独特的黑色或深褐色而得名。组成黑珊瑚的珊瑚虫活体及连接珊瑚虫的共骨骼体的颜色鲜艳，为半透明的红色、绿色等，但当活体组织抽离后，才形成黑珊瑚的颜色。虽然被称为黑珊瑚，但是很多黑珊瑚的颜色也并不是黑色，而是棕色，很多细小的珊瑚枝为半透明的红棕色。

② 黑珊瑚枝表面有独特的针状、刺状等小凸起，突起有时肉眼可见。因为这些凸起，黑珊瑚也叫作刺珊瑚（thorn coral）。

③ 钻孔周围常呈褐色，从钻孔可观察到类似树枝的层状结构。

④ 黑珊瑚的破裂面可见纵纹与斑片状的棕色。

黑珊瑚及其主要鉴定特征见图3-4-39～图3-4-46。

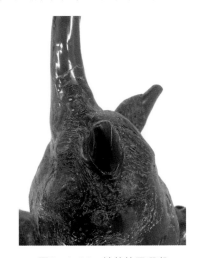

图3-4-39 枝状的黑珊瑚

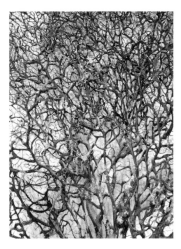

图3-4-40 细小的珊瑚枝为半透明的红棕色

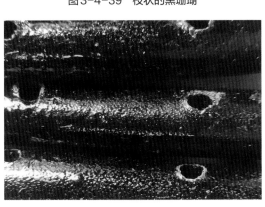

图3-4-41 黑珊瑚的细小凸起

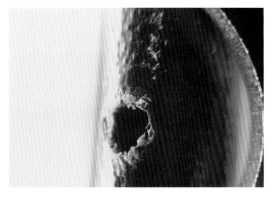

图3-4-42 钻孔周围可呈棕色，并可见类似于树木的结构

图3-4-43 黑珊瑚横截面的蜘蛛网状结构

图3-4-44 黑珊瑚的破裂面可见纵纹与斑片状棕色
（一）

图3-4-45 黑珊瑚的破裂面可见纵纹与斑片状棕色
（二）

图3-4-46 黑珊瑚的破裂面可见纵纹与斑片状棕色
（三）

3.4.7 金珊瑚

金珊瑚为金黄色、黄褐色的角质型珊瑚，主要产于夏威夷和塔斯马尼亚海峡。市场上常见的金珊瑚主要是由黑珊瑚漂白得到的。

金珊瑚的主要鉴定特征为：

① 颜色为金黄色、黄褐色。

② 金黄色珊瑚外表有清晰的凸起。

角质金珊瑚及其主要鉴定特征见图3-4-47～图3-4-50。

图3-4-47 金珊瑚的蜘蛛网状结构

图3-4-48 金珊瑚的表面凸起（一）

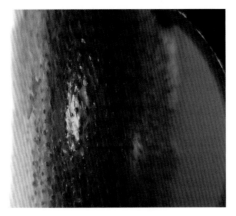

图3-4-49　金珊瑚的表面凸起（二）

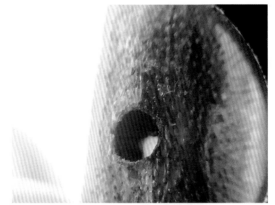

图3-4-50　金珊瑚的钻孔呈较深的棕褐色

　　此外，生长在太平洋中途岛海域还出产钙质金色珊瑚，可呈现淡土黄至褐黄色，部分原枝表面可有片状的黑点，并可带有晕彩与变彩等特殊光学现象。整体像树木且具分支构造，横切面呈现以树木年轮状结构。部分金珊瑚纵纹非常明显。钙质金珊瑚及其鉴定特征见图3-4-51～图3-4-54。

图3-4-51　钙质金珊瑚枝（一）

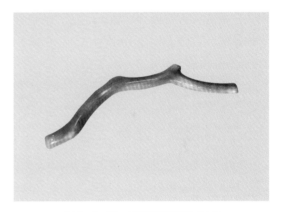

图3-4-52　钙质金珊瑚枝（二）

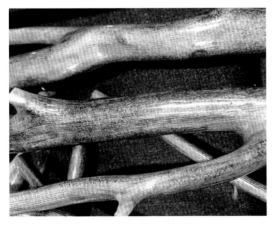

图3-4-53　钙质金珊瑚枝的纵纹与黑点

图3-4-54　钙质金珊瑚枝的纵纹和横截面同心环状结构

3.5　鉴定

3.5.1　优化处理的方法与鉴定

珊瑚的优化处理方法主要有漂白、浸蜡、染色和充填等。主要鉴别特征如下：

（1）漂白

珊瑚漂白的目的是去除珊瑚表面杂色，通常用双氧水漂白以改善颜色和外观，一般深色珊瑚经漂白后可得到浅色珊瑚，如黑色珊瑚可漂白成金黄色，而暗红色珊瑚可漂白成粉红色。

漂白珊瑚不易检测。

（2）浸蜡

浸蜡可以改善珊瑚的外观，也是珊瑚最常用的优化处理方式。

主要鉴定特征是：热针探测可见蜡熔化。

（3）染色

市场上的染色珊瑚很多，通常是将白色珊瑚浸泡在红色或其他颜色的有机染料中染成相应的颜色。由于其具有天然珊瑚的结构特征，所以很容易与天然珊瑚混淆。

主要鉴定特征是：可见染料沿生长条带分布，裂隙中可见染料集中；用蘸有丙酮的棉签可擦下染色剂。

（4）充填

一般用环氧树脂或似胶状物质充填多孔质的珊瑚。

主要鉴定特征是：经充填处理的珊瑚，其密度低于正常珊瑚；此外，热针探测可见充填物熔化。

3.5.2　"合成"珊瑚

"合成"珊瑚主要是采用吉尔森法，也称"吉尔森珊瑚"。由于"吉尔森珊瑚"是用方解石粉末加上少量染料在高温、高压下粘制而成的一种材料，因此，"吉尔森珊瑚"并不是严格意义上的合成珊瑚，因此称之为"合成"珊瑚。"合成"珊瑚的颜色变化范围大。"吉尔森珊瑚"见图3-5-1和图3-5-2。

"吉尔森珊瑚"的颜色、光泽和外观特征与天然珊瑚很相像，但其颜色分布均匀，不具珊瑚的颜色不均、蜘蛛网状、波状条纹和虫孔等特殊结构，仅能在10×放大镜下发现细微粒状结构，其密度比天然珊瑚小。

图3-5-1　"合成"珊瑚（一）

图3-5-2　"合成"珊瑚（二）

3.5.3 仿制品

珊瑚具有独特的外观形态及特殊结构，很容易将它与其相似宝石区别开来。与珊瑚相似的宝石主要有染色骨制品、染色大理岩、红色玻璃、塑料、海绵珊瑚和染色海竹等。

（1）染色骨制品

染色骨制品是一种常见的珊瑚仿制品，市场上一般用牛骨、驼骨或象骨等动物骨头染色或涂层后仿珊瑚，可依据珊瑚与骨制品结构的不同特点来区分。

鉴定特征为：

① 染色骨制品的颜色表里不一，且会掉色，颜色可变浅，钻孔处比其他部分颜色深或为白色。珊瑚红色为自然产生，通体一色，具白芯、白斑等特点。

② 骨制品具圆孔状结构，珊瑚的横切面具有放射状、同心圆状结构；骨制品具断续的平直纹理，珊瑚的纵切面具连续的波状纹理。

（2）染色大理岩

染色大理岩不具有珊瑚可具有条带状构造，但呈粒状结构，颜色分布于颗粒边缘或裂隙之间，用蘸有丙酮的棉签擦拭时，棉签会被染色。

（3）红色玻璃

硒玻璃等玻璃可仿珊瑚，其鉴定特征是：玻璃的颜色常较均匀，不具有珊瑚的外观特征及特殊结构，具有明显的玻璃光泽，贝壳状断口发育，表面有时可见气孔，摩氏硬度高于珊瑚，遇盐酸不起泡。见图3-5-3和图3-5-4。

图3-5-3　红色玻璃

图3-5-4　红色玻璃的贝壳状断口与气泡孔

（4）塑料

塑料不具有珊瑚的外观颜色分布特征及特殊结构，常显示使用模具留下的痕迹，相对密度只有1.05～1.55，手掂轻，常见气泡，表面不平整，用热针探测可有辛辣气味，遇盐酸不起泡。

（5）海绵珊瑚

海绵珊瑚（red sponge coral）也称草珊瑚、琼枝等，不是海绵，具海绵状外观。红海绵珊瑚的颜色没有宝石级珊瑚这么红或橘，常有浅色表面，呈多孔网状结构，可以用肉眼看到明显的虫孔和玫瑰花瓣状不定向的纹路；光泽比贵珊瑚弱。海绵珊瑚的价值远不及贵珊瑚。

海绵珊瑚有很多管状的腔孔和孔洞，需要将其填充。草珊瑚灌胶会出现特有的花纹，这种不定向、深浅不一的花纹是宝石珊瑚不具备的，花纹有比较浅的，也有比较深的。海绵珊瑚及其鉴定特征见图3-5-5～图3-5-8。

图3-5-5 海绵珊瑚原枝

图3-5-6 海绵珊瑚原枝局部

图3-5-7 海绵珊瑚的颜色条带

图3-5-8 海绵珊瑚表面孔洞发育

（6）染色海竹

浅海的竹节珊瑚，产量很大。因为最为相似所以目前市场上大部分染色红珊瑚都为海竹染色而成。

未染色的海竹呈白色至黄色，黄色主要是由于长期氧化。海竹由于其生长方式限制，只能是小节状，且分叉极少，分叉极短。初步骨骼化的竹海竹节处尚有骨骼覆盖，一段时间后会剥落，出现明显的节状。骨节处质地极为疏松，可以轻松地掰开。海竹生长迅速纹理粗糙，表面有粗大的槽状纹理。海竹的骨骼由角质骨针构成，虽然含有一定量的碳酸钙，但滴加盐酸并不会剧烈地冒泡。海竹见图3-5-9和图3-5-10。

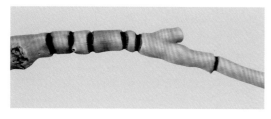

图3-5-9 竹节状的海竹枝

图3-5-10 海竹枝的纵纹

海竹没有同心圆放射状结构，放射形的纹理呈现星状，俗称太阳心。因为中心部分的骨针更为致密，染剂难以渗入，染色后会有明显的色差。染色海竹的颜色在钻孔和凹坑处集中。染色珊瑚及其鉴定特征见图3-5-11～图3-5-15。

图3-5-11　白色和染色海竹

图3-5-12　染色海竹

图3-5-13　染色海竹的颜色在裂隙和钻孔处富集

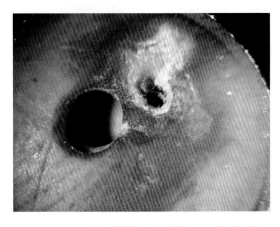

图3-5-14　染色海竹的颜色在钻孔和凹坑处富集

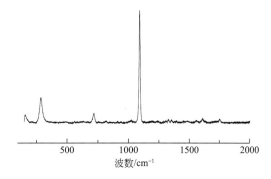

图3-5-15　染色珊瑚的拉曼光谱

染色珊瑚具有1085cm^{-1}、712cm^{-1}、282cm^{-1}等的方解石特征谱峰，以及1200～1750cm^{-1}的弱染色剂谱峰振动。但是染色红珊瑚没有出现红色珊瑚所具有的一套强度相对稳定的1132cm^{-1}附近C—C单键的伸缩振动（v_2）和1527cm^{-1}附近C=C双键的伸缩振动（v_1），以及1298cm^{-1}、1018cm^{-1}弱谱峰。

3.6　捕捞和加工

3.6.1　捕捞

宝石珊瑚主要生长在水下100～2000m，因而珊瑚的捕捞不易。

先进的捕捞方式是潜水艇捕捞，这样可以把珊瑚连根带枝一起采出来，但花费的人力物力非常巨大。

传统的撒网式捕捞用的船只是用普通渔船改造的，配有一台大功率的机器、石头或其他重物、很多渔网。船只到达疑似有珊瑚的海域时，渔网绑住石头或其他重物，丢到海里，石头带着渔网沉入海中，关掉渔船发动机，渔船跟着水流慢慢移动，碰到珊瑚，渔网勾住。渔船在一段时间后用大功率机器开始起网。

传统的撒网式捕捞的优点是节省人力物力，但缺点也显而易见，只能采捞到珊瑚的上部，这样会导致珊瑚树底部都断在海里，还常有断枝从网里流落在海里，时间久了会变成死枝而无法再利用。

由于珊瑚属于限制捕捞的品种，世界各国各地区都在进行限制捕捞范围和数量。以我国台湾地区为例，只有南方澳、澎湖等海港有捕捞执照的船只，才可以进行捕捞活动，且捕捞的数量需要严格地遵守配额。南方澳渔港见图3-6-1～图3-6-4。

图3-6-1　南方澳渔港（一）

图3-6-2　南方澳的珊瑚妈祖像

图3-6-3　南方澳渔港（二）

图3-6-4　打捞珊瑚渔船的停靠区

3.6.2　加工

宝石珊瑚的加工一般分为选料、清洗、切割、雕刻或琢磨、抛光以及首饰加工等几部分，见图3-6-5。

```
┌─────────────────┐
│      选料        │
└─────────────────┘
         │
┌─────────────────┐
│     原料清洗      │
└─────────────────┘
         │
┌─────────────────┐
│     原料切割      │
└─────────────────┘
         │
┌─────────────────┐
│    雕刻/琢磨      │
└─────────────────┘
         │
┌─────────────────┐
│      抛光        │
└─────────────────┘
         │
┌─────────────────┐
│     首饰加工      │
└─────────────────┘
```

图3-6-5　珊瑚的加工过程

（1）选料

由于采捞获得的珊瑚原料往往是株体大小、粗细、形状、材质及颜色都不同的一批原料，见图3-6-6和图3-6-7，所以首先一定要认真挑选，优先选出能制作各种雕刻艺术品的珊瑚原料，将粗大的树干按大小再按颜色细分，以备进一步选用。

图3-6-6　采捞的原料（一）

图3-6-7　采捞的原料（二）

（2）原料清洗

清洗工序之前，先用清水或弱酸将红珊瑚浸泡1～2h或者更长时间，然后再清洗，将红珊瑚身上的沉积物完全清除掉，便会露出珊瑚的原色，见图3-6-8和图3-6-9。

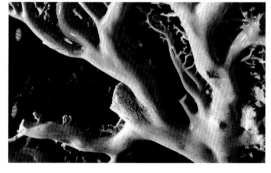

图3-6-8　清洗后待切割的珊瑚原料（一）

图3-6-9　清洗后待切割的珊瑚原料（二）

（3）切割

切割是珊瑚加工中非常重要的一个环节，必须由有经验的师傅负责。师傅依据珊瑚材料的形状、大小及特色等条件加以切锯。珊瑚的切割见图3-6-10和图3-6-11。

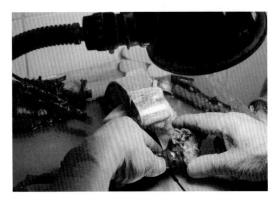
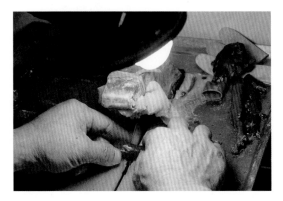

图3-6-10　珊瑚的粗切　　　　　　　　　　　图3-6-11　珊瑚的细切

（4）雕刻/琢磨

首先剔除宝石珊瑚体上的砂眼、瑕疵、裂纹，即挖脏去绺（裂纹），然后进行设计，尽量做到量料取材，因材施艺。

雕刻、琢磨时先用机器预成形，雕刻一般使用刻刀，制作珠子、弧面一般使用机器，再粗磨和细磨。圆弧面的琢磨见图3-6-12和图3-6-13。

图3-6-12　圆弧面的琢磨　　　　　　　　　图3-6-13　圆珠琢磨过程中圆度的测量

（5）抛光

抛光一般使用有抛光粉的布轮或羊毛轮进行。因为多数珊瑚常常会有虫孔，所以抛光时注意不要选用容易造成污染且颜色与珊瑚体色反差较大的抛光剂，有时候抛光剂卡在虫洞会不容易清洗。

由于珊瑚的硬度较低，加工时磨耗速度很快，无法高度抛光。一般用布轮抛光后，还会用盐酸抛光宝石珊瑚，即将细磨后的珊瑚用清水洗净后放入水中，加入少许稀盐酸一起加热、搅拌，进行抛光。

3.7 质量评价

珊瑚的评价从品种、颜色、质地、形状与雕工、块度和大小等几方面进行，见图3-7-1。

图3-7-1 珊瑚的评价

3.7.1 品种

珊瑚的品种对珊瑚的价值影响很大。不同品种的珊瑚价格差别可达几倍、数十倍甚至更多。

珊瑚中最具价值的是贵珊瑚。对于蓝珊瑚而言，一般质地疏松、多孔，颜色发灰暗，价值不高；优质者质地光滑细腻、少瑕疵、颜色均匀，价值高，但罕见。黑珊瑚和金珊瑚作为宝石而言的市场认可度低于贵珊瑚和蓝珊瑚。黑珊瑚和金珊瑚见图3-7-2和图3-7-3。

图3-7-2 黑珊瑚

图3-7-3 金珊瑚

贵珊瑚的商业品种主要有阿卡珊瑚、沙丁珊瑚、MOMO珊瑚、"天使肌肤"、粉红珊瑚、深水珊瑚和白珊瑚等，见表3-7-1。贵珊瑚的品种其实包含了颜色、质地等方面的要素。

表3-7-1 贵珊瑚主要商业品种

商业名称	描述
阿卡珊瑚	具玻璃光泽；一般有白芯；颜色越浓深，价值越高，优质者为辣椒红色，或称为"牛血红"；质地越透明、玻璃感越强、白芯等瑕疵越少，价值越高
MOMO珊瑚	桃红或橙红色，一般有白芯；光泽略逊阿卡珊瑚；优质者细腻均匀，常有虫眼
"天使肌肤"	均匀的粉红，也称"天使之面"；优质者质地均匀细腻，价值高
沙丁珊瑚	大红，光泽略逊阿卡珊瑚；优质者细腻均匀，常有虫眼
粉红珊瑚	粉色，常不均匀，原枝和成品一般较小
深水珊瑚	不均匀的粉红至橙红色，颜色呈斑块状；常出现裂纹
白珊瑚	普通白色珊瑚

　　总体而言，由于阿卡珊瑚颜色浓深、透明度高、光泽强、具玻璃感、质地细腻、虫眼少，价值最高。阿卡珊瑚见图3-7-4和图3-7-5。

　　沙丁珊瑚和MOMO珊瑚由于总体上光泽较阿卡珊瑚弱，常有虫眼，成品需要用蜡等填充。沙丁珊瑚和MOMO珊瑚的价值视具体情况而论。在东亚，当地出产的MOMO珊瑚更受人们的喜爱，价值一般比沙丁珊瑚略高。MOMO珊瑚见图3-7-6，沙丁珊瑚见图3-7-7。

　　MOMO珊瑚中的"天使肌肤"品种，颜色虽然较淡，但其均匀的粉色受到欧美和日本市场的欢迎，价值都很高。见图3-7-8和图3-7-9。

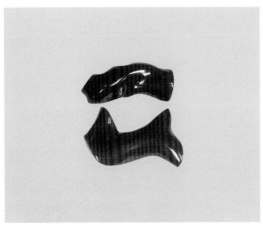

图3-7-4　颜色深浅不同的阿卡珊瑚

图3-7-5　颜色浓深的优质阿卡珊瑚

图3-7-6　MOMO珊瑚

图3-7-7　沙丁珊瑚

图3-7-8　"天使肌肤"MOMO珊瑚（一）

图3-7-9　"天使肌肤"MOMO珊瑚（二）

粉红珊瑚由于原枝株体较小，一般多出成品的珠子或小雕刻件等，价值一般低于阿卡珊瑚、MOMO珊瑚和沙丁珊瑚。粉红珊瑚见图3-7-10。粉红珊瑚中，也可以出均匀粉色的"天使肌肤"品种，其价值高。

深水珊瑚由于颜色一般不均匀，且常出现裂纹，因而价值一般较阿卡珊瑚、沙丁珊瑚、MOMO珊瑚和"天使肌肤"低。深水珊瑚见图3-7-11。

白珊瑚虽然优质者细腻均匀、透明度高、光泽强，价值高，但由于其颜色为白色，因而总体上市场认可度并不如粉红色至红色系列的珊瑚。白珊瑚见图3-7-12。

图3-7-10 粉红珊瑚

图3-7-11 深水珊瑚

图3-7-12 白珊瑚

3.7.2 颜色

颜色是珊瑚的魅力所在，珊瑚的颜色一般越鲜艳，价格越高。工艺上对珊瑚颜色的要求是纯正而鲜艳。

贵珊瑚中，以红色为最佳，其他条件都一样的话，除天使肌肤的粉红色外，颜色越深越贵。以阿卡为例，颜色高一级差不多差价就是15%～20%。红色质量排列顺序为浓深红色、红色、暗红色、玫瑰红色、淡玫瑰红色、橙红色。

不同民族、不同地区的人们对不同颜色的珊瑚的喜爱程度不同，因而造成珊瑚的价值也不同。欧美和日本除了喜欢深红色的珊瑚外，对粉红色的珊瑚（俗称"天使肌肤""天使之面""天使面"等）也情有独钟。粉红色的"天使肌肤"，其价值可以与阿卡珊瑚比肩，甚至更高。

白珊瑚以纯白色为最佳，依次为瓷白色、灰白色。

蓝色珊瑚以蓝色鲜艳、少灰褐色调、均匀，或蓝色斑块图案为佳。

黑珊瑚以纯黑、均匀，少棕褐色为佳。

金珊瑚以颜色浓金、鲜艳明亮，少褐色调为佳。

3.7.3 质地

珊瑚的质地越致密坚韧，瑕疵越少、越不明显，价值越高。

若有白斑、白芯，质量会有所下降；有虫蛀或虫眼、多孔、多裂纹者，价值较低。肉眼观察质地越透明、光泽越亮、玻璃质感越强，价值越高。

不同质地的红珊瑚和蓝珊瑚见图3-7-13～图3-7-15。

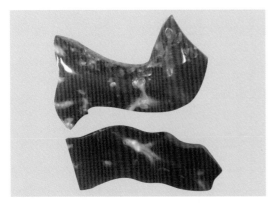

图3-7-13　红珊瑚（上：孔洞和白斑较多；
下：孔洞和白斑较少）

图3-7-14　质地较致密细腻的蓝珊瑚

（a）正面

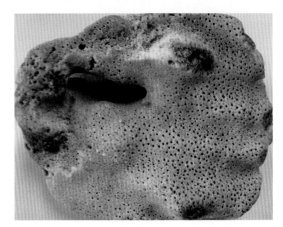

（b）反面

图3-7-15　疏松多孔的蓝珊瑚

3.7.4　形状与雕工

对于珊瑚而言，在加工的过程中消耗原料越多、出成率越低、花费的功夫越多，价格也就相应越贵，因此，珊瑚成品的形状也是影响其价值很重要的因素。

对于阿卡珊瑚而言，同等大小、颜色和质地情况下，通常珠子最贵，弧面（蛋面）次之，之后为雕件和原枝等。但并无一定，粗枝状的原枝，价格有可能比雕件高。

以同样一根阿卡珊瑚原枝做成品，圆珠的出成率最低，所以价值最高。只有不到10%能达到整珠除了白芯以外无瑕疵，约到30%能达到上半部分无瑕疵。由于弧面在镶嵌后，背部会被遮住，因而只需表面无瑕，不需要整个无瑕，单面弧面的出成率比珠子的出成率高。弧面的出成率由低到高依次为椭圆形、水滴形和随形等，因此椭圆弧面的价值在弧面中也最高。虽然雕件的出成率约为40%～60%，但阿卡珊瑚雕件的瑕疵一般会比较多，因而市场价值一般略低于弧面。当然，工艺高、寓意好的雕件价值会比普通蛋面价值高。桶珠的出成率约为70%。最后是仅抛光的原枝，出成率最高，价值最低。同一阿卡珊瑚原枝琢磨成不同形状的出成率见表3-7-2。珊瑚不同的琢形见图3-7-16～图3-7-23。

表3-7-2　同一阿卡珊瑚原枝琢磨成不同形状的出成率

成品形状		原枝的出成率
圆珠	整珠除了白芯以外无瑕疵	不到10%
	上半部分无瑕疵	约30%
弧面（表面无瑕）	椭圆形	约40%
	水滴形	约50%
	随形	约60%
雕件		约40%～60%
桶珠		约70%

图3-7-16　阿卡红珊瑚圆珠（一）

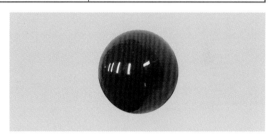

图3-7-17　阿卡红珊瑚圆珠（二）

图3-7-18　阿卡红珊瑚椭圆弧面

图3-7-19　阿卡红珊瑚水滴、长方等弧面

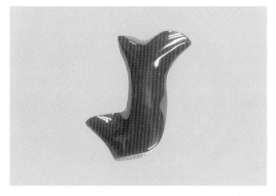

图3-7-20　阿卡红珊瑚随形弧面

图3-7-21　阿卡红珊瑚雕件（一）

图3-7-22 阿卡红珊瑚雕件（二）

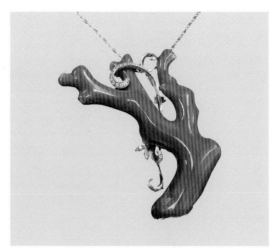

图3-7-23 阿卡红珊瑚抛光原枝

　　MOMO和沙丁的雕件价格可能会比圆珠和蛋面更贵，其他则与阿卡珊瑚类似。MOMO和沙丁的主要琢形见图3-7-24～图3-7-29。

图3-7-24 沙丁珊瑚水滴弧面

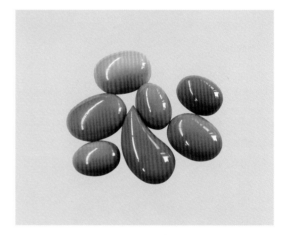

图3-7-25 MOMO珊瑚椭圆、水滴弧面

图3-7-26 MOMO珊瑚桶珠

图3-7-27 MOMO珊瑚圆珠

图3-7-28 沙丁珊瑚圆珠

图3-7-29 MOMO珊瑚雕件

对于雕刻件，设计时常根据珊瑚自然形态进行巧妙的构思和创意，除造型美观外，评价时还要看雕刻工艺的精细程度等。MOMO珊瑚和白珊瑚雕件见图3-7-30和图3-7-31。

图3-7-30 依据原枝形态设计的MOMO珊瑚雕件

图3-7-31 白珊瑚雕件

3.7.5 大小

珊瑚的生长速度缓慢，要采捞较大的珊瑚极为不易，所以珊瑚的块度要求越大越好。因而块度越大、质地越紧实细腻，就越重，价值也就越高。

贵珊瑚在出售时，常以重量（g）为计价单位。圆珠、弧面等还需要参考直径的大小，见图3-7-32。

图3-7-32 测厚仪测量珊瑚珠的直径

3.7.6　珊瑚原枝的类别

珊瑚原枝打捞时的状态，对成品珊瑚的质量和出成率等影响很大。珊瑚的原枝类别见表3-7-3，原枝见图3-7-33～图3-7-42。

表3-7-3　珊瑚原枝类别

原枝类型	捕捞时状态	结构	抛光后质量
活枝	活体，表面有生物组织	表面有薄膜，虫蛀少	优质，质地好，光泽明亮
倒枝（落枝）	已停止生长	总体结构未受到海水强烈侵蚀	质量较好，光泽好，虫孔较少
死枝（枯枝）	完全停止生长	受到海水和微生物侵蚀严重，表面较多虫孔，已影响结构	质量较低，光泽较差，虫孔多
三代枝	死枝、倒枝和活枝出现在同一株体上		

图3-7-33　倒枝（一）

图3-7-34　倒枝（二）

图3-7-35　倒枝（三）

图3-7-36　倒枝（四）

图3-7-37 活枝（一）

图3-7-38 活枝（二）

图3-7-39 活枝（三）

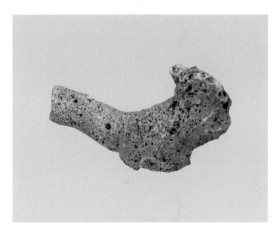

图3-7-40 死枝

图3-7-41 打磨后的死枝

图3-7-42 三代枝

3.8 保养

珊瑚的保养与珍珠类似。珊瑚也是由有机质和无机质两部分组成。无机质主要是碳酸盐，碳酸盐易受酸侵蚀，有机质易受酒精、乙醚、丙酮等有机溶剂侵蚀。因而避免与酸和指甲油、洗涤剂、香水、化妆水等接触。

避免接触汗液等。万一遇酸或大量汗液等，不要使用肥皂水和水以及其他任何常见的清洁剂来清洁珊瑚。过酸或过碱的溶剂都对珊瑚有伤害。清洁珊瑚饰品最常见的方法是使用柔软的丝绒沾蒸馏水小心擦拭，或使用液态蜡对珊瑚进行除尘。

避免曝晒、防止持续恒温烘烤，珊瑚会因曝晒和高温失去颜色和光泽。

珊瑚在佩戴时，应避免与硬物特别是金属等剐蹭，避免与其他无机宝石、玉石相互摩擦。

佩戴珊瑚首饰后，最好将珊瑚首饰用干净的软布擦干净后，单独放于首饰盒中，避免与其他首饰混放而摩擦。

珊瑚项链最好每隔几年重新串一次。穿线时在每粒珠之间打结，防止珠与珠之间摩擦，也可防止万一线断，避免到处散落。

4

象 牙

4.1 应用历史与文化

　　象牙（ivory）作为宝石有悠久的使用历史。很多古文明的遗址和墓葬中都发现了象牙制品。世界各国古代宫廷中都曾使用过雕刻工艺极其精美的象牙制品。

　　古代欧洲和非洲的象牙制品见图1-4-1～图1-4-10。

图4-1-1　16世纪欧洲象牙制品（局部）

图4-1-2　17世纪欧洲象牙制品（局部）（一）

图4-1-3　17世纪欧洲象牙制品（局部）（二）

图4-1-4　18世纪欧洲象牙制品

图4-1-5　18世纪俄国象牙制品

图4-1-6　16世纪非洲象牙制品（局部）

图4-1-7　16世纪非洲象牙制品

图4-1-8　19世纪非洲象牙制品

图4-1-9　19世纪非洲象牙制品（局部）（一）

图4-1-10　19世纪非洲象牙制品（局部）（二）

我国古代宫廷的象牙制品见图4-1-11～图4-1-22。

图4-1-11　古代宫廷的象牙制品（一）

图4-1-12　古代宫廷的象牙制品（二）

图4-1-13　古代宫廷的象牙制品（三）

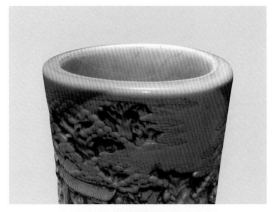

图4-1-14　古代宫廷的象牙制品（四）

图4-1-15　古代宫廷的象牙制品（五）

图4-1-16　古代宫廷的象牙制品（六）

图4-1-17 古代宫廷的象牙制品（七）

图4-1-18 古代宫廷的象牙制品（八）

图4-1-19 古代宫廷的象牙制品（九）

图4-1-20 古代宫廷的象牙制品（十）

图4-1-21 古代宫廷的象牙制品（十一）

图4-1-22 古代宫廷的象牙制品（十二）

虽然数千年来，象牙一直被用作宝石装饰或工艺品陈列。但是当今，很多的大象因为象牙而被猎杀，因此《华盛顿公约》(《濒危野生动植物种国际贸易公约》)等严格限制和禁止象牙贸易。当今为了保护大象，象牙贸易在国际间是被抵制和禁止的。

4.2　成因

象牙主要指象的獠牙，即变形的门牙。象牙的长度可远大于1m，且为弯月状，有圆锥状孔洞从插口朝顶部方向延伸到长牙长度的约1/3处。

哺乳动物的牙齿和獠牙是同样的物质。牙齿是用来咀嚼，獠牙是伸出嘴唇的牙齿，它们从牙齿演化出来，一般作为防御武器。哺乳动物的牙齿结构基本类似。牙齿和獠牙的结构是相同的，从里向外由牙髓、牙髓腔、牙本质以及牙骨质或珐琅质组成。牙本质内部有非常细小的管道，这些管道从牙髓腔向外辐射到牙骨质。不同动物的牙中的管道结构不同，其直径为0.8~2.2μm不等；微管的三维结构也不一样。

4.3　宝石学特征

4.3.1　基本特征

象牙的基本特征见表4-3-1。

表4-3-1　象牙的基本特征

主要组成矿物		羟基磷酸钙
化学成分		主要组成为磷酸钙、胶原质和弹性蛋白。 猛犸象牙部分至全部石化，除磷酸钙、胶原质和弹性蛋白外，可有SiO_2
结晶状态		隐晶质非均质集合体
结构		同心层状生长结构
光学特征	颜色	白色至淡黄，浅黄
	光泽	油脂光泽至蜡状光泽
	透明度	半透明至不透明
	紫外荧光	紫外灯下呈弱至强蓝白色荧光或紫蓝色荧光
力学特征	摩氏硬度	2~3
	韧度	高
	相对密度	1.70~2.00
表面特征		象牙纵表面为波状结构纹，横截面为引擎纹效应
琢型		手镯、珠子、弧面、雕刻件

4.3.2 结构

大多数类型的牙类是白至淡黄色，半透明至不透明，油脂光泽至蜡状光泽。从成分上，象牙从外向里由珐琅质、牙本质、牙髓腔、牙髓组成。

肉眼和显微观察，可见象牙横截面为同心层状构造，自外向内一般分为4层——同心纹层、粗勒兹纹层、细勒兹纹层和细同心纹层或空腔，见图4-3-1和图4-3-4。

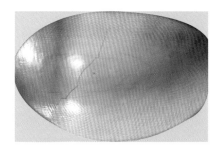

图4-3-1　象牙的结构（一）

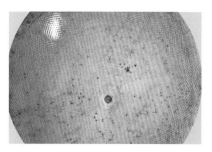

图4-3-2　象牙的结构（二）

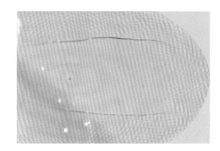

图4-3-3　象牙的结构（三）

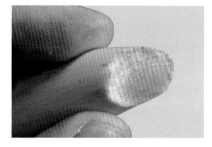

图4-3-4　象牙的结构（四）

象牙内层的牙本质有很多从牙髓向外辐射的硬蛋白质组成的细管，这些细管组成交叉的纹理，即勒兹纹（Retzius），也称旋转引擎纹、来织纹等。这种交叉弯曲的结构纹路，对于象牙及其制品的鉴定是具有诊断性的。

此外，象牙纵截面显示波状近平行条纹样式，在用单个长牙加工成的大件物品中可看出长牙的弯曲。除了勒兹纹外，还可见同心层状结构、波状平行条纹等共存于同一象牙制品。象牙的鉴定特征见图4-3-5～图4-3-12。

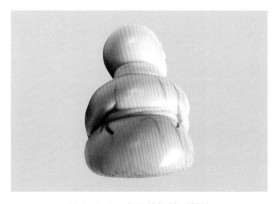

图4-3-5　象牙的旋转引擎纹

图4-3-6　象牙纵面的波状近平行条纹

（a）旋转引擎纹

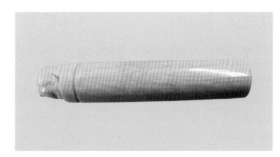

（b）波状近平行条纹

图4-3-7 象牙制品（一）

（a）旋转引擎纹

（b）波状近平行条纹

图4-3-8 象牙制品（二）

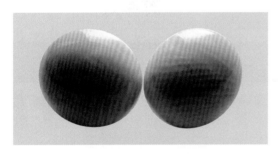

图4-3-9 象牙的旋转引擎纹和同心层状结构（一）

图4-3-10 象牙的旋转引擎纹和同心层状结构（二）

图4-3-11 象牙的旋转引擎纹和波状平行纹（一）

图4-3-12 象牙的旋转引擎纹和波状平行纹（二）

4.4 分类

4.4.1 非洲象牙

非洲象是现存陆生哺乳动物中体型最大的，比亚洲象稍大，可以通过大如蒲扇的耳朵将其同亚洲象区分开来。

非洲象是现存象科动物中体型最大的，故牙形也较大，且雌、雄象均有长牙。其品质因产地而略有差异。

非洲象牙的指向牙心的二组纹理的夹角可>120°，从外层到内层的夹角平均值为（103.6±1.35）°。

非洲象与象牙见图4-4-1～图4-4-4。

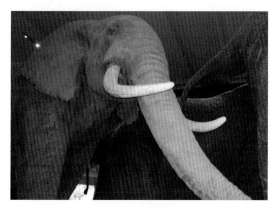

图4-4-1 非洲象（一）

图4-4-2 非洲象（二）

图4-4-3 象牙（一）

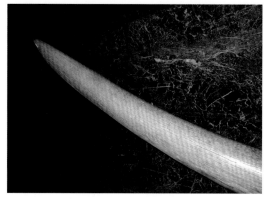

图4-4-4 象牙（二）

4.4.2 亚洲象牙

亚洲象牙为印度、斯里兰卡及东南亚等地的亚洲象产的象牙。亚洲象体型小于非洲象，雌性亚洲象没有象牙，只有雄性亚洲象长有象牙。牙型一般较小，最大的象牙长达1.5～1.8m。一般呈较致密的白色，加工较柔软，且易变黄。

亚洲象牙的指向牙心的二组纹理的夹角＜120°，此夹角平均值为（91.1±0.70）°。

4.4.3 猛犸象牙

猛犸象牙（mammoth ivory）是猛犸象（*Mammuthus primigenius*）的獠牙。与象牙交易受到抵制和禁止不同，猛犸象牙的交易属于合法贸易。

猛犸象又名毛象、长毛象，属古脊椎动物哺乳纲，是一种适应寒冷气候的动物，见图4-4-5和图4-4-6。曾经是世界上最大的象之一，也是在陆地上生存过的最大的哺乳动物之一，其中草原猛犸象体重可达12t，是地球自有生命以来，在陆地上生活繁衍过的大型史前动物之一。它最早出现于500万年前的非洲东部和南部，之后扩展到亚欧和美洲大陆。

图4-4-5　猛犸象（一）

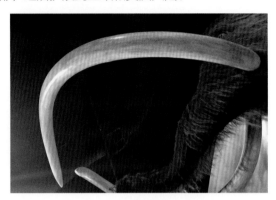

图4-4-6　猛犸象（二）

猛犸曾生存于欧亚大陆北部及北美洲北部晚更新世的冻原地带，现存的猛犸牙多呈半化石状态。目前，市场上的猛犸象牙饰品大多来自俄罗斯西伯利亚北部冻土层中，我国东北等地区也曾发现过猛犸象牙。

目前已发现的猛犸象牙中，只有少部分可用于雕刻，而其他已经钙化或石化的部分难以用来雕刻。猛犸灭绝于3700～4000年前，由于生活在西伯利亚和阿拉斯加等地，所以它们的牙大多保存在西伯利亚和阿拉斯加等地的冻土层中。前者主要见于勒纳河与其他流入北冰洋的河流流域；后者曾见于阿拉斯加育空河流域。

猛犸象牙为同心层状构造，自外向内一般分为4层：同心纹层，由胶原蛋白纤维束或丝脉体与羟基磷灰石相互交织而成；粗勒兹纹层（牙本质），由胶原蛋白纤维和羟基磷灰石相间叠置而成，微生长管道发育，指向牙心的二组纹理夹角＜95°，结构较为疏松；细勒兹纹层（过渡层）；细同心纹层或空腔（牙髓腔）。猛犸牙的特征见图4-4-7～图4-4-14。

图4-4-7　猛犸象牙

图4-4-8　猛犸象牙横截面的同心环状结构（一）

图4-4-9　猛犸象牙横截面的同心环状结构（二）

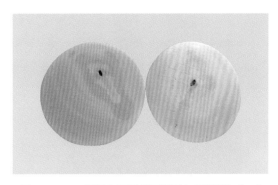

图4-4-10　猛犸象牙横截面的同心环状结构（三）

图4-4-11　猛犸牙的同心纹层和粗、细勒兹纹层（一）

图4-4-12　猛犸牙的同心纹层和粗、细勒兹纹层（二）

图4-4-13　猛犸牙的同心纹层和勒兹纹层

图4-4-14　猛犸牙的疏松结构和外皮

4.5　鉴定

象牙的鉴定主要指象牙与猛犸象牙、染色象牙与天然颜色的象牙，以及象牙与仿制品的鉴别。

4.5.1　象牙与猛犸象牙

猛犸象的体形比象的大，其牙不仅长于当代象牙（即非洲象和亚洲象的象牙），且两类象牙在外形上也有很大不同：猛犸象牙呈一螺旋弯曲状，猛犸象具有长而螺旋状弯曲的獠牙。象牙和猛犸象牙化石见图4-5-1和图4-5-2。

图4-5-1 象牙

图4-5-2 猛犸象牙化石

（1）宝石学基本性质

猛犸象牙因在地下受石化作用，表面为褐色，质地粗糙；现代象牙则为弯月状，表面为乳白色至米色，质地细腻。由于牙体外形上的差异，因此对于原生牙的鉴定较为容易。

象牙牙体是由纤维状物质组成，结合致密，因此象牙质地细腻滋润，韧性较高；猛犸象牙牙体由不规则片状物质组成，结合较松散，所以猛犸象牙质地较干涩，韧性较差。

优质的猛犸化石象牙与现生象牙在颜色、光泽、质地等无大的区别。一般认为象牙指向牙心的二组纹理最大夹角 > 120°，猛犸象牙指向牙心的二组纹理夹角 < 95°，这是二者明显的区别，但此方法受样品在牙体内所在位置及切割角度等因素影响。同一个象牙的勒兹纹理的夹角从内层到外层是不同的，通常外层的夹角大于内层的夹角；猛犸牙纹理的夹角小于象牙，无论是非洲象牙还是亚洲象牙外层的夹角，而象牙内层和中间层的夹角与猛犸牙的夹角度数是重叠的。象牙与猛犸象牙的宝石学基本特征见表4-5-1。

表4-5-1 象牙与猛犸象牙的宝石学基本特征

特征		象牙	猛犸象牙
生存时代		当代	第四纪更新世晚期，已灭绝
外形		弯月状	螺旋弯曲状
表面颜色		乳白色至米色	表皮因为铁铜离子等浸染，可形成蓝色、绿色、褐色等颜色的牙皮
内部颜色		乳白色	褐黄白色、乳白色
光泽		油脂光泽	蜡状光泽
质地		细腻润泽	较干涩、微裂隙发育；表面可有风化层
韧度		高	低
横截面由外向内	Ⅰ层（粗同心纹层）	致密状或同心圆状；厚度较薄	同心圆状；厚度相对较大
	Ⅱ层（粗勒兹纹层）	纹理线夹角大，可达124°左右；指向牙心的二组纹理平均夹角 > 110°；牙根至牙尖，夹角递减	指向牙心的二组纹理夹角 < 95°；牙根至牙尖，夹角递减；结构较为疏松

横截面由外向内	Ⅲ层（细勒兹纹层）	指向牙心的二组纹理平均夹角＜90°；线理间距约为0.1～0.5mm	指向牙心的二组纹理夹角＜90°
	Ⅳ层（细同心纹层）	含空腔（牙髓腔）；致密状或空腔状	含空腔（牙髓腔）；致密状或空腔状
纵切面		微波状纹理近平行断续分布	微波状纹理不甚明显
紫外荧光		可呈弱至强蓝白色或紫蓝色荧光	常为惰性

（2）红外光谱特征

象牙和猛犸象牙的主要成分相同，主要为羟基磷酸钙和胶原蛋白，二者的红外光谱振动谱带基本相同。红外光谱测试在象牙与猛犸象牙的鉴定上具有一定的局限性。

象牙和猛犸象牙的主要吸收峰在1000～3500cm^{-1}内。N—H面内弯曲振动与C—N伸缩振动红外合谱带位于1240cm^{-1}附近（酰胺Ⅲ带）；酰胺的N—H面内弯曲振动与C—N伸缩振动（酰胺Ⅱ带）的红外振动谱带位于1560cm^{-1}附近；C—O伸缩振动（酰胺Ⅰ带）的红外振动谱带位于1660cm^{-1}附近；C—H弯曲振动的红外谱带位于1456cm^{-1}处；羟基磷酸钙中[PO$_4$]$^{3-}$反对称伸缩振动谱带位于1120～1030cm^{-1}处；胶原蛋白中氨基和羟基的振动位于3400cm^{-1}处。

猛犸象牙受石化程度强，胶原蛋白所对应的振动谱带强度减弱。石化作用易导致被埋藏的猛犸象牙中胶原蛋白酰胺键被破坏。随石化作用的加强，猛犸象牙中胶原蛋白特征的IR吸收谱带强度随之降低或消失。横截面上由外层向牙心，C—O伸缩振动致吸收谱带（酰胺Ⅰ带）、C—H伸缩振动致吸收合谱带（酰胺Ⅱ带）及C—N伸缩振动与N—H面内弯曲振动致吸收谱带（酰胺Ⅲ带）的强度递减。见表4-5-2。

表4-5-2　象牙和猛犸象牙的红外光谱

特征振动谱带/cm^{-1}	振动模式
1660	C—O伸缩振动（酰胺Ⅰ带）
1560	C—H伸缩振动与N—H面内弯曲振动（酰胺Ⅱ带）
1240	C—N伸缩振动与N—H面内弯曲振动（酰胺Ⅲ带）
1456	C—H弯曲振动
1030～1120	[PO$_4$]$^{3-}$反对称伸缩振动

（3）荧光光谱特征

胶原蛋白中氨基酸的构象差异和微小变化，如氨基酸的质量分数或所处微环境（指氨基酸残基周围其他有机、无机基团或离子等）的不同，都会呈现于荧光光谱，即肽链的结构不同（氨基酸序列的不同），在荧光光谱上都会有反映；当肽链的氨基酸序列一样，其残基所处的微环境不同，它的性质也受到影响，在荧光光谱上同样有所表征。

猛犸象牙中色氨酸和酪氨酸因石化等作用发生一定变化，在质量分数以及所处微环境等方面明显不同于象牙。由于石化作用的影响，猛犸象牙中的胶原蛋白成分遭到破坏。胶原蛋白是象牙和猛犸牙有机质的重要组成部分，它是由三条多肽链组成的蛋白质，每一条多肽链都有自己典型的氨基酸序列。蛋白质中在激发光下可发射荧光的氨基酸有色氨酸、酪氨酸及苯丙氨酸，三者由于其侧链生色基团的不同，荧光激发光谱和发射光谱也有区别。

猛犸象牙因石化相较于象牙氨基酸内的酪氨酸、色氨酸的质量分数等减少。荧光光谱中，象牙的荧光峰值在307nm处，猛犸的荧光峰值在315nm处，且象牙的荧光强度高。

4.5.2　优化处理

象牙的漂白和浸蜡属于优化，且不易检测。

象牙制品偶见染色，可见颜色沿结构纹集中或见色斑，见图4-5-3和图4-5-4。

图4-5-3　染色与天然颜色的象牙

图4-5-4　染色象牙

4.5.3　仿制品

象牙常见的仿制品包括其他哺乳动物的獠牙、骨头、植物象牙和塑料等。

獠牙是一些哺乳动物上颌骨或下颌骨上长出来的发育非常强壮的、不断继续生长的牙齿。这些牙齿远远伸出这些动物的颚。有些动物的獠牙是门齿，有些是犬齿。象牙也是其中的一种，所以其他动物的牙从外观上容易仿象牙。但不同动物的牙中的管道结构不同，微管的三维结构也不一样，此外，在牙的大小上也有明显区别。

仿制品都不具备象牙独有的旋转引擎纹，这是鉴别象牙与其仿制品的关键。象牙主要仿制品的特征见表4-5-3。

表4-5-3　象牙主要仿制品的特征

主要仿制品	特征
其他动物的獠牙	同心层状结构；中心常具孔洞或空腔；牙质较粗糙
骨头	在外观和物理性质上很像牙类； 含许多小管，在横截面上呈小孔，而在纵截面上呈线状
植物象牙	横截面显示模糊的同心线，纵截面显示平行线的样式； 在透射或反射光下观察呈点状或孔洞状的样式
塑料	可显示波状近平行条纹样式；条纹外观规则；完全无"旋转引擎"样式

（1）独角鲸牙

独角鲸（narwhal）又称冰鲸、一角鲸、角鲸。独角鲸最显著的特征是那颗长在上颌上的长牙，可达2m，因而被误认为角。雄鲸上颌左侧的一枚会破唇而出，变成一个长牙，像长杆伸出嘴外。数量极少的雄独角鲸也有可能会长两颗长牙。大多数雌鲸的牙通常隐于上颌之中，没有长牙伸出嘴外。

独角鲸的长牙和人类牙齿一样充满牙髓和神经。独角鲸个体可较大；牙体呈弯曲状；没有珐琅外层，牙质较粗糙；长牙内部为中空；横截面显示被同心生长线环绕的大的中心孔洞，最外面是具螺旋形槽线的牙骨质粗糙层。独角鲸牙见图4-5-5。

图4-5-5 独角鲸牙

（2）抹香鲸牙

抹香鲸牙（ivory of whale）是抹香鲸的牙。下颚有20～26对大而呈圆锥状的牙齿，上颚的牙齿小而埋于牙龈中，或仅具牙槽。

抹香鲸牙的牙可达15cm，质地较粗糙。

（3）海象牙

海象（*Odobenus rosmarus*），主要生活在北极或近北极的温带海域。海象身体庞大，无论雌雄都长着两枚长牙，沿着嘴角向下伸出，一生都长不停。一对重约4kg、长90cm的獠牙见图4-5-6。

图4-5-6 海象

海象的长牙一般长25～38cm，但也可以较长；椭圆形的横截面；中心有孔洞，孔洞由粗的泡状或球状物质组成。海象牙制品见图4-5-7。

图4-5-7 海象牙

（4）野猪牙

雄性野猪（wild boar）具有尖锐发达牙齿，其上犬齿外露，并向上翻转。

野猪的牙横截面可为近三角形，尺寸较小，横截面为同心环状，见图4-5-8～图4-5-15。

（5）河马牙

河马（*Hippopotamus amphibius*）的门齿和犬齿均呈獠牙状，是进攻的主要武器。下门齿可像铲子一样向前面平行伸出，长度可达60～70cm，犬齿的长度也达75cm左右。

河马牙可具圆形、方形或三角形的截面。它们有厚的珐琅外层，而且除具三角形截面的河马牙有小的孔洞外，其他都是实心的，没有孔洞或中心生长核。

（6）其他动物牙齿

其他动物的牙齿，如虎牙、狼牙、熊牙等，在物理性质等方面与象牙类似，但在尺寸、横截面结构等方面与象牙都有较大差别。虎牙和狼牙见图4-5-16和图4-5-17。

图4-5-8 野猪（一）

图4-5-9 野猪（二）

图4-5-10 野猪（三）

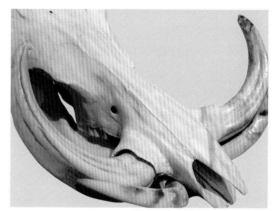

图4-5-11 野猪头骨与牙

图4-5-12 野猪牙（一）

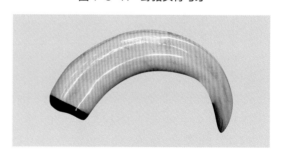

图4-5-13 野猪牙（二）

图4-5-14 野猪牙（三）

图4-5-15 野猪牙的横截面

图4-5-16　虎牙

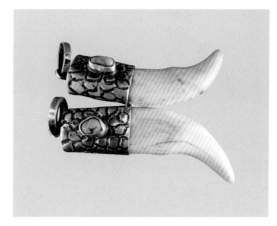

图4-5-17　狼牙

（7）骨头

骨头在外观和物理性质上与象牙非常相似，但构造有区别。骨头由许多细管组成，这些管在横截面上表现为小点，在纵截面上表现为线。

如果骨头是上蜡或注油的，其构造则在抛光件的底部和侧面容易观察到。骨头及骨制品见图4-5-18和图4-5-19。

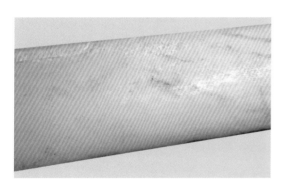

图4-5-18　骨头

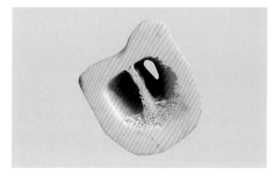

图4-5-19　骨头的横截面

（8）植物象牙

植物象牙（ivory of plant）为某些棕榈树的坚果。象牙果树类似椰子树，其胚乳极像椰果。胚乳的果实起初为液体状，成熟以后变得坚硬起来，具备了与动物象牙类似的特点，有年轮般的环状图案，其纹理、硬度、颜色与象牙类似，因而被称为"植物象牙"或"象牙果"。

象牙果树生长速度非常缓慢，约需15年以上才能结出纤维包封的果实，要等8年才能完全成熟。当果实完全成熟自然落到地上时，即被当地人收获。果实要在热带阳光下晾晒三四个月，它才会彻底成熟，变成类似于象牙的白色坚硬物质。完全干燥的象牙果，剥除去坚硬的外壳，即可作为雕饰材料，加工成精美的工业日用小商品，或者雕刻成各种工艺品。

早在19世纪，德国商人首先在南美洲发现了植物象牙，并将其介绍到欧洲市场，主要用于生产衣物上的装饰小品，后也被加工成纽扣，装饰于高档时装。

植物象牙果的大小为2～3cm，可达5cm，因此植物象牙制品通常较小；可有平行环状条纹；质地细腻均一。植物象牙见图4-5-20～图4-5-23。

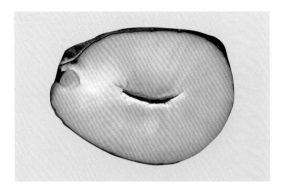

图4-5-20　植物象牙果

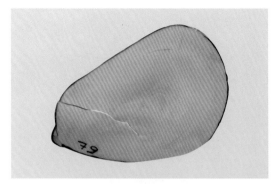

图4-5-21　植物象牙切片

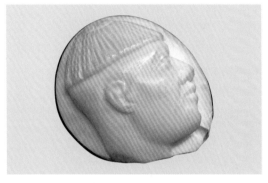

图4-5-22　植物象牙雕刻品

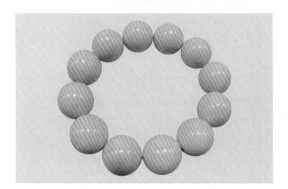

图4-5-23　植物象牙的条纹

（9）塑料

最常使用的塑料是赛璐珞，它可被制成纹层状以模仿象牙纵截面上看到的条纹效应。它的条纹具较规则的外观，完全没有"旋转引擎"样式。

4.6　保养

曝露于日光下或长期放置于空气中，象牙会出现裂纹；汗液等侵蚀会使象牙变黄。象牙制品具体的保养方法同珍珠和珊瑚。

5

琥　珀

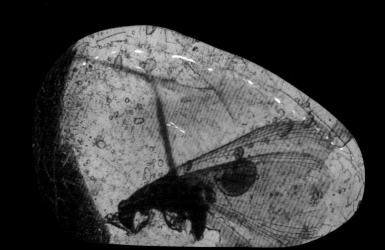

5.1　应用历史与文化

　　琥珀的英文amber源自阿拉伯语"anbar"。amber在14世纪的中古英语指的是源自抹香鲸的一种坚实的蜡状物质，后才逐渐被扩展到波罗的海琥珀。

　　古时，波罗的海沿岸的住民曾以琥珀作为货币，与其南方地域的部落交易，换取铜制武器或其他的工具。此外，波罗的海琥珀还经由爱琴海，辗转流传到地中海东岸。考古学家曾在叙利亚挖掘出古希腊美锡尼文明时期的瓶和壶，在容器中发现波罗的海的琥珀项链。中古世纪，波罗的海琥珀还因宗教器物的用途而风行。见图5-1-1～图5-1-4。

　　在很多亚洲国家的寺庙中，还供奉有很多从古至今琥珀做成的宗教器物或其他制品。缅甸因出产宝石和佛寺而闻名于世，位于莫谷的佛寺中供奉的琥珀制品见图5-1-5～图5-1-10。

图5-1-1　公元前7世纪意大利的琥珀制品（一）

图5-1-2　公元前7世纪意大利的琥珀制品（二）

图5-1-3　公元前5世纪意大利的琥珀制品（一）

图5-1-4　公元前5世纪意大利的琥珀制品（二）

图5-1-5　供奉于缅甸佛寺中的琥珀制品（一）

图5-1-6　供奉于缅甸佛寺中的琥珀制品（二）

图5-1-7　供奉于缅甸佛寺中的琥珀制品（三）

图5-1-8　供奉于缅甸佛寺中的琥珀制品（四）

图5-1-9　供奉于缅甸佛寺中的琥珀制品（五）

图5-1-10　供奉于缅甸佛寺中的琥珀制品（六）

琥珀在中国古代被称为"璧"或"遗玉"，也称"虎魄"，意思是虎之魂。琥珀自古就被视为珍贵的宝物；其作为艺术载体在我国的出现，至少可以追溯到距今三千余年前的四川广汉三星堆遗址时期，其使用一直延绵不断。

古时琥珀的使用多限于皇室、贵族和高官，是使用者地位、财富和奢华生活的象征，主要作为小件饰品使用，其次用作印章，见图5-1-11和图5-1-12。

图5-1-11　中国古代宫廷用琥珀（一）

图5-1-12　中国古代宫廷用琥珀（二）

此外，我国云南腾冲等地，由于接近缅甸琥珀的产地，琥珀在当地也被广泛用于首饰等装饰物，见图5-1-13～图5-1-18。

琥珀还常出现于中国古代的诗词歌赋中，如：唐代诗人李白的"兰陵美酒郁金香，玉碗盛来琥珀光"，杜甫的"春酒杯浓琥珀薄，冰浆碗碧玛瑙寒"，白居易的"荔枝新熟鸡冠色，烧酒初开琥珀香"和"醍醐惭气味，琥珀让晶光"；南唐冯延巳的"歌阑赏尽珊瑚树，情厚重斟琥珀杯"；宋代词人李清照的"莫许杯深琥珀浓，未成沈醉意先融，疏钟已应晚来风"；等等。

图5-1-13 明清时云南女性佩戴的耳烛（一）

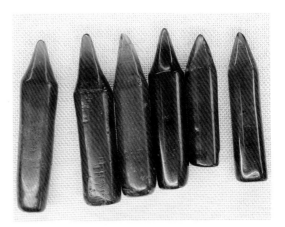

图5-1-14 明清时云南女性佩戴的耳烛（二）

图5-1-15 明清时云南腾冲的琥珀首饰（一）

图5-1-16 明清时云南腾冲的琥珀首饰（二）

图5-1-17 明清时云南腾冲的琥珀首饰（三）

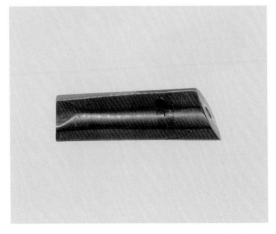

图5-1-18 明清时云南腾冲的琥珀首饰（四）

5.2 成因

琥珀是石化的天然植物树脂。数千万年前裸子植物的树脂和开花类植物所产生的树胶等，经地质作用埋藏于地下，经过漫长的地质时期，在持续的温度和压力作用下，失去挥发成分并聚合、固化形成琥珀。琥珀属沉积作用的产物，主要产于白垩纪或第三纪的砂砾岩、煤层的沉积物中。

琥珀这种由萜类化合物高度交叉聚合、脱水形成的树脂化石，其石化过程相当复杂，主要有从天然树脂转化为柯巴树脂的聚合作用和从柯巴树脂转化为琥珀的萜烯组分的蒸发作用这两个阶段。

第一阶段为树脂分子的聚合阶段。古植物分泌的半日花烷（labane）型物质接触空气与光后发生聚合作用，最初的聚合主要发生在赖伯当三烯（labdatriene）羧酸分子的共轭双键间，再经异构交联作用和分子间与分子内成环作用，树脂聚合成具有多环结构的柯巴树脂。该阶段可能要经历几千年至几百万年。

第二阶段为萜烯组分的蒸发阶段。柯巴树脂含有大量的萜烯类挥发油，这些组分经过几百万年的蒸发作用形成了琥珀，该过程被形象地称为柯巴树脂的琥珀化。在埋藏过程中，天然树脂受时间、温度、压力和水等地质环境的影响，其有机成分中的不饱和键经聚合交联作用逐渐成熟。除石化年龄外，有多种外部因素影响有机分子聚合反应的速率，如受热历程、压力、厌氧环境、树脂种类、沉积物类型等地质条件都是影响琥珀形成的重要因素。

琥珀的年龄从1000万年到3亿年不等。大多数宝石级琥珀的年龄从1500万年到4000万年。最古老的石化树脂可追溯至石炭纪时期，约为3.2亿年前。

5.3 宝石学特征

5.3.1 基本性质

琥珀的基本特征见表5-3-1。

表5-3-1 琥珀的基本特征

化学成分		$C_{10}H_{16}O$，可含H_2S
结晶状态		非晶质体
光学特征	颜色	浅黄色、黄色至深褐色、橙色、红色、白色
	光泽	树脂光泽
	紫外荧光	弱至强，黄绿色至橙黄色、白色、蓝白或蓝色
力学特征	摩氏硬度	2～2.5，小刀甚至指甲可以刻化
	相对密度	1.08，可在饱和的浓盐水中可以悬浮
	断口	典型的贝壳状断口
	韧性	较差，外力撞击下容易碎裂

续表

特殊性质	静电性，摩擦可带电； 热针熔化，并有芳香味； 易溶于硫酸和酒精等有机溶液
包裹体	气泡，流动线，昆虫或动、植物碎片，其他有机和无机包体

5.3.2　成分

琥珀是中生代白垩纪至新生代第三纪松柏科植物的树脂经过各种地质作用后形成的一种天然有机化合物的混合物，形成琥珀的天然植物树脂是由碳、氢和氧构成的化合物组成的。

琥珀其主要成分为具共轭双键的树脂酸，并含少量的琥珀酯醇、琥珀油等，属典型的多组分混合且不易分解的有机化合物。琥珀的化学分子式为 $C_{10}H_{16}O$，此外还含少量的硫化氢，微量元素种类有 Al、Mg、Ca、Si 等。琥珀来源于几类植物，故不同来源的琥珀化学成分有差别。

5.3.3　原石特征

琥珀主要产于砂砾岩、煤层的沉积物中，原石常以块状、结核状、瘤状等产出，表面常覆盖火山灰等，俗称"矿皮"。

各类树脂的密度不同，在流淌过程中，发生蒸发和挥发的情况，造成表皮收缩，形成不规则的纹路，俗称"皮纹"。琥珀在石化过程中，周边环境和地质特征也会对蜜蜡琥珀的"皮纹"产生影响。因为收缩、挥发程度的不同，会造就深浅不一的纹路。

由于琥珀原石矿皮厚、脏、杂质多、裂痕多，一般分为两种：保留原矿皮的称为毛料，去除原矿皮的称为裸料。琥珀的原石见图5-3-1～图5-3-6。

图5-3-1　琥珀原石（一）

图5-3-2　琥珀原石（二）

图5-3-3　琥珀原石（三）

图5-3-4　琥珀原石（四）

图5-3-5　琥珀原石（五）

图5-3-6　已去除原矿皮和未去除原矿皮的琥珀

5.3.4　包裹体

琥珀的包裹体主要有：气泡、旋涡纹或流动构造；植物碎屑；昆虫及其他小动物，如甲虫、蜘蛛、蚊蝇、蚂蚁等。流动构造见图5-3-7～图5-3-10。

树脂是树为防御病害和昆虫的攻击而分泌的黏性物，小的昆虫极易被它捕获，因此内部常可见昆虫或动、植物碎片，以及其他有机和无机包体等。昆虫和其他包裹体可在琥珀中保存很好，而且很多昆虫属于已灭绝的物种。通过研究它们的现代后裔和其生活习性，能为古代产琥珀森林的生态提供大量信息。

图5-3-7　流动构造（一）

图5-3-8　流动构造（二）

图5-3-9　流动构造（三）

图5-3-10　流动构造（四）

含有像蝎子、蜗牛、青蛙、蜥蜴等较大型动物的琥珀十分珍贵，尤其是动物内含物保存十分完好的情况下。多米尼加的琥珀中曾发现已经灭绝的蜥蜴；在缅甸的琥珀中，还曾发现带羽毛的恐龙尾部。

琥珀中的生物包体和气泡见图5-3-11～图5-3-20。

图5-3-11　昆虫包体（显微观察20×）（一）

图5-3-12　昆虫包体（显微观察20×）（二）

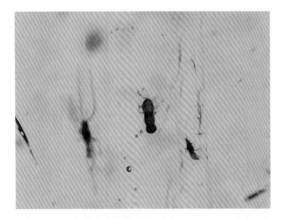

图5-3-13　昆虫包体和气泡（显微观察20×）（一）

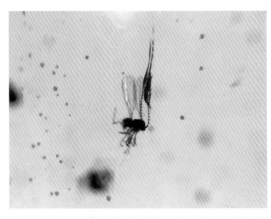

图5-3-14　昆虫包体和气泡（显微观察20×）（二）

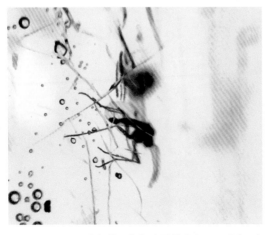

图5-3-15　昆虫包体和气泡（显微观察20×）（三）

图5-3-16　植物碎屑（一）

图5-3-17　植物碎屑（二）

图5-3-18　植物碎屑（三）

图5-3-19　植物碎屑（四）

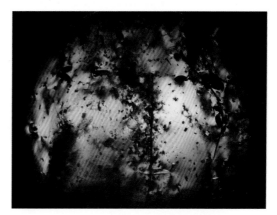

图5-3-20　植物包体（显微观察20×）

5.3.5　紫外荧光特征

　　琥珀通常在长波紫外线下具强弱不等的浅蓝白色及浅黄色、浅绿色、黄绿色至橙黄色荧光，短波紫外线下荧光不明显。特别是部分产自缅甸和多米尼加等的琥珀，其常具有较强的荧光效应。琥珀的紫外荧光特征见图5-3-21～图5-3-28。

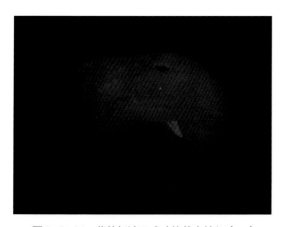

图5-3-21　紫外长波下琥珀的荧光特征（一）

图5-3-22　紫外长波下琥珀的荧光特征（二）

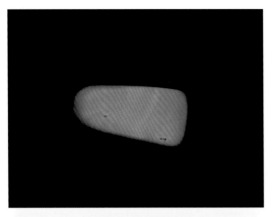

图5-3-23 紫外长波下缅甸琥珀的荧光特征（一）

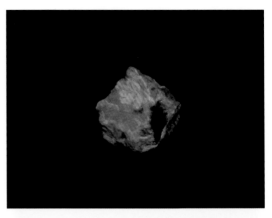

图5-3-24 紫外长波下缅甸琥珀的荧光特征（二）

图5-3-25 多米尼加蓝珀在紫外灯下呈蓝色（一）

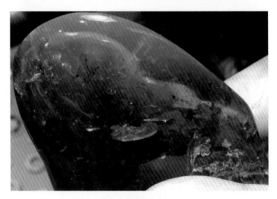

图5-3-26 多米尼加蓝珀在紫外灯下呈蓝色（二）

图5-3-27 多米尼加蓝珀在紫外灯下呈蓝色（三）

图5-3-28 多米尼加蓝珀在紫外灯下呈蓝色（四）

5.3.6 红外光谱特征

琥珀的红外光谱见图5-3-29和表5-3-2。

887cm^{-1}附近吸收峰是由C＝C双键上CH面外弯曲振动引起的，1161cm^{-1}附近吸收峰是由C—O伸缩振动所致，1380cm^{-1}附近的红外吸收谱带是由C—H对称弯曲振动所致，

1452cm^{-1}附近的红外吸收谱带是由C—H不对称弯曲振动所致，C=O官能团伸缩振动引起的红外吸收位于1733cm^{-1}附近，由脂肪族C—H键不对称伸缩振动引起的吸收峰位于2931cm^{-1}附近。

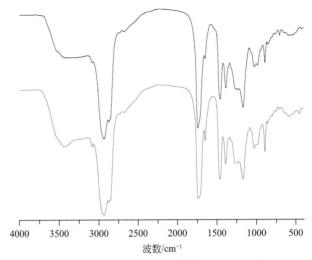

图5-3-29　琥珀（波罗的海）的红外透射光谱

表5-3-2　琥珀（波罗的海）的红外光谱振动

振动模式	波数/cm^{-1}
—C—CH$_2$—平面外弯曲	887
—CH=CH$_2$	987
C—O伸展	1161
C—CH$_3$弯曲	1380
—CH$_2$—弯曲	1450
C=C 伸展（非共轭）	1643
C=O（酯类非共轭）	1735
—CH$_2$—	2850,2869,2927
=CH$_2$（烯烃）伸展	3078
—O—H（缔合的）	3520~3100

5.3.7　其他特征

除了静电性，易溶于酸和有机溶液等，琥珀还具有一些其他的性质。

琥珀的导热性较差，手摸有温感。当琥珀加热至150℃时，开始分解变软；在250℃时开始熔融并冒黑烟，并伴有烧焦的松香气味；熄灭时会冒白烟。

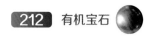

琥珀不具有可切性，用小刀在不起眼处切琥珀，会出现崩口或破裂。

5.4 分类

5.4.1 商业分类

在商业上，琥珀有不同的分类方法，并没有一定之规。特别需要说明的是，在商业分类中，部分琥珀并没有明确的界限，同一件琥珀可能被不同的从业人员分到不同的商业类别。

根据琥珀不同的颜色、透明度和包体类型等，可划分为蜜蜡、金珀、金绞蜜、血珀、棕珀、金棕珀、蓝珀、蓝绿珀、白蜜、翳珀、虫珀、植物珀、水胆珀和花珀等。其中，花珀是指经过人工加热"爆花"工艺而得到的琥珀，而压制琥珀也可显示类似的外观，但压制琥珀的"花"细碎、无序，且背景浑浊。

琥珀常见的商业品种见表5-4-1和图5-4-1～图5-4-28。

表5-4-1 琥珀常见的商业品种

蜜蜡	半透明至不透明的琥珀，可以呈各种颜色，黄色为最普遍，主要产于波罗的海等
金珀	黄色至金黄色透明的琥珀，流动纹一般不明显，主要产于波罗的海和泰国等，部分为波罗的海琥珀热处理的产物
金绞蜜	透明的金珀包含半透明的蜜蜡，或金珀与蜜蜡互相绞缠在一起；主要产于波罗的海，部分为热处理产物；依据金珀与蜜蜡的形态，又可分为"金绞蜜"（金珀与蜜蜡互相绞缠）、"金包蜜"（也称"珍珠蜜"，外部为金珀，中心为蜜蜡）和"金带蜜"（金珀里带有蜜蜡）
血珀	棕红至红色透明的琥珀，主要产地有波罗的海、缅甸等；部分血珀产品为含一定杂质的琥珀热处理后的产物，其颜色仅限于表层
棕珀	棕红色，透明度较差，内部通常浑浊，流动纹较明显；可具明显的蓝色紫外荧光
金棕珀	棕黄色，介于棕红珀与金珀之间的琥珀，流动纹明显；透明度越高者越接近金珀，反之越接近棕红珀
蓝珀	透视观察体色为黄、棕黄、黄绿和棕红等色；阳光下、暗背景或合适光源角度下，呈现独特的不同色调的蓝色，紫外光下可更明显；主要产于多米尼加
蓝绿珀	阳光下、暗背景或合适光源角度下，呈现绿偏蓝色，主要产于墨西哥
白蜜	白色的蜜蜡
翳珀	反射光呈黑色，透射光呈现红色的琥珀；有分类将其归为血珀的一种；主要产于缅甸、罗马尼亚、多米尼加和波罗的海等
紫罗兰珀	阳光下、暗背景或合适光源角度下，呈现紫色，主要产于缅甸
虫珀	包含有昆虫或其他动物的琥珀
植物珀	包含有植物（如花、叶、根、茎、种子等）的琥珀
水胆珀	内部包裹有液体包体的琥珀
根珀	不透明，含有方解石脉，具有深棕色交杂白色的斑驳状纹理或黄白色交杂深褐色，是巧雕的材料；主要产于缅甸，波罗的海也有少量产出
花珀	经过人工加热而产生"爆花"的琥珀
老蜜蜡	其泛指年代久、不透明的褐黄色蜜蜡，适合做佛珠；市场上的老蜜蜡产品多是波罗的海蜜蜡经长时间低温加热而成

图5-4-1 蜜蜡（一）

图5-4-2 蜜蜡（二）

图5-4-3 金珀（一）

图5-4-4 金珀（二）

（a）白色背景

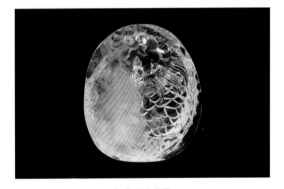

（b）黑色背景

图5-4-5 金绞蜜（一）（王铎提供）

图5-4-6 金绞蜜（二）

图5-4-7 金绞蜜（三）

图5-4-8 血珀（一）

图5-4-9 血珀（二）

图5-4-10 棕珀（一）

图5-4-11 棕珀（二）

图5-4-12 棕珀（三）

图5-4-13 棕珀（四）

（a）白色背景

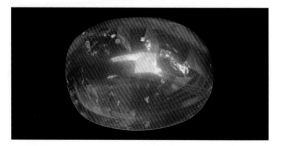

（b）黑色背景

图5-4-14 金棕珀

（a）白色背景

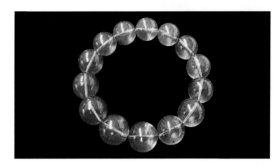

（b）黑色背景

图5-4-15 金蓝珀

（a）白色背景

（b）黑色背景

图5-4-16 蓝珀（一）

（a）白色背景

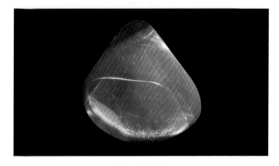

（b）黑色背景

图5-4-17 蓝珀（二）

图5-4-18 蓝绿珀

图5-4-19 白蜜蜡

（a）反射光下

（b）透射光下

图5-4-20　翳珀

（a）白色背景

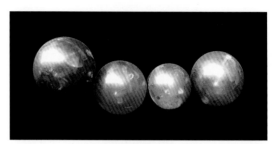
（b）黑色背景

图5-4-21　紫罗兰珀

（a）肉眼

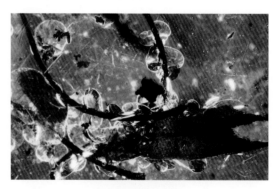
（b）显微观察（20×）

图5-4-22　植物珀

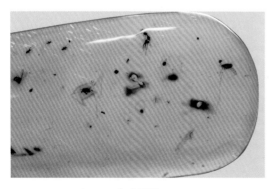
（a）肉眼

（b）显微观察（20×）

图5-4-23　虫珀（一）

（a）肉眼 　　　　　　　　　　　　　　　（b）显微观察（20×）

图5-4-24　虫珀（二）

图5-4-25　虫珀（三）

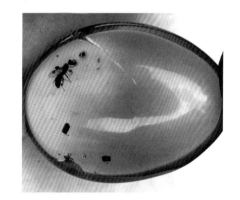

图5-4-26　水胆虫珀

图5-4-27　花珀（一）

图5-4-28　花珀（二）

5.4.2　产地分类

琥珀按产出地可以分为海珀和矿珀。海珀以波罗的海沿岸国家出产的琥珀最著名。海珀透明度高、质地晶莹、品质极佳。矿珀主要分布于缅甸及中国抚顺，常产于煤层中，与煤精伴生。

商业中，琥珀也常按出产地分类，最具有商业意义的主要是波罗的海地区、缅甸、多米尼加、墨西哥等地的琥珀。

（1）波罗的海琥珀

波罗的海沿岸是世界上最为知名的琥珀产地之一，出产的琥珀属于海珀，其琥珀无论从数量方面还是质量方面，都居世界前列。波罗的海沿岸有众多的国家，其中最为著名的琥珀产出国是波兰、立陶宛、俄罗斯等。历史上有名的"琥珀宫"，就是18世纪初德国普鲁士霍索伦王朝开国皇帝威廉一世聘请丹麦珠宝名匠花费10年时间，加工100多块琥珀并雕刻了150多个琥珀雕像制成的。

波罗的海沿岸的琥珀来自距今4000万～6500万年的地层。其含琥珀的矿层主要是未成岩的泥炭层。琥珀呈似层状、团状分布，大的可达2～3m，而一般的为0.5～1.5m，含矿层的上部是较为疏松的泥沙。当地的开采一般是露天或坑采，沿含琥珀的矿层开掘。这种含有大量琥珀的地层一直延伸到海中。近海边的含矿层经过海水冲刷，琥珀也可被冲出，而海边还漂浮许多工人选剩的琥珀碎料、废料。

波罗的海琥珀颜色以黄色为主，常见有商业上俗称的"鸡油黄""柠檬黄"等颜色品种，在空气中或是海水中暴露过久，琥珀表面就会被氧化成深橘色和红色；有透明的琥珀和不透明的蜜蜡，块度大，且透明的琥珀内常可见各种动植物的包体。

波罗的海琥珀见图5-4-29～图5-4-34。

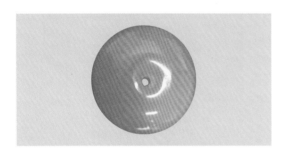

图5-4-29　波罗的海琥珀（鸡油黄）

图5-4-30　波罗的海琥珀（柠檬黄）

图5-4-31　波罗的海琥珀（金绞蜜）

图5-4-32　波罗的海琥珀（蜜蜡）（一）

图5-4-33　波罗的海琥珀（蜜蜡）（二）

图5-4-34　波罗的海琥珀（蜜蜡）（三）

（2）缅甸琥珀

相比于其他商业产地，缅甸琥珀形成时间最早，历时最为悠久，出产高品质的血珀、虫珀、金棕珀和棕珀等。根据缅甸琥珀中包含的生物种类等，推测其年龄在6000万～1亿年左右。

缅甸琥珀的颜色主要是暗橘、红、棕等色。琥珀中常含有完好的昆虫、植物包体或其碎屑，其中包括9900万年前带羽毛恐龙的尾巴等。

缅甸琥珀见图5-4-35～图5-4-47。

图5-4-35 缅甸琥珀原石和碎块（一）

图5-4-36 缅甸琥珀原石和碎块（二）

图5-4-37 缅甸琥珀碎块

图5-4-38 缅甸琥珀碎块与抛光件

图5-4-39 缅甸金蓝雕件

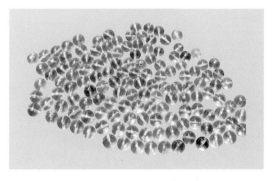

图5-4-40 缅甸金蓝圆珠

图5-4-41 缅甸红棕（上）、根珀（中）和
金棕（下）

图5-4-42 缅甸红棕挂件

图5-4-43 缅甸棕红珀挂件

图5-4-44 缅甸棕珀手串

（a）白色背景

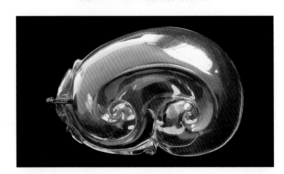

（b）黑色背景

图5-4-45 缅甸金棕雕刻件

（a）肉眼

（b）显微观察（20×）

图5-4-46 缅甸血珀

（a）肉眼

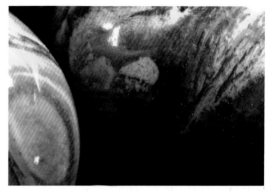

（b）显微观察（20×）

图5-4-47　缅甸根珀

（3）多米尼加蓝珀

多米尼加是最重要的蓝珀产地。多米尼加琥珀的年龄约在1500万～3000万年。

多米尼加琥珀埋藏于火山灰中，由于地壳变迁有其他矿物质融入琥珀，所以多米尼加一些琥珀在紫外线、暗背景或合适光源角度下可呈蓝色。在白背景下，常为呈黄色或橘色，且透明，内部可含千奇百怪的珍贵昆虫和植物等。

多米尼加琥珀的开采、原石和成品见图5-4-48～图5-4-59。

图5-4-48　多米尼加蓝珀的开采区（一）

图5-4-49　多米尼加蓝珀的开采区（二）

图5-4-50　多米尼加蓝珀的矿坑（一）

图5-4-51　多米尼加蓝珀的矿坑（二）

图5-4-52 现场开采出的原料（一）

图5-4-53 现场开采出的原料（二）

图5-4-54 多米尼加蓝珀原料（一）

图5-4-55 多米尼加蓝珀原料（二）

图5-4-56 多米尼加蓝珀圆珠

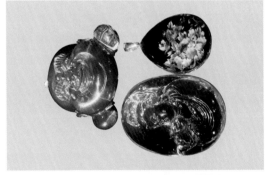

图5-4-57 多米尼加蓝珀雕件

图5-4-58 多米尼加蓝珀弧面（一）

图5-4-59 多米尼加蓝珀弧面（二）

（4）墨西哥琥珀

墨西哥常被视为第二大蓝珀产地。墨西哥琥珀年龄约是2000万～3000万年。墨西哥琥珀在浅背景下多见的有黄色、淡褐色，或带绿色调的黄、褐色。与多米尼加蓝珀相似，在紫外线、暗背景或合适光源角度情况下，可呈蓝色调；但与多米尼加蓝珀相比，墨西哥琥珀颜色更偏向于绿色调，蓝绿色特征明显，见图5-4-60和图5-4-61。

图5-4-60 墨西哥蓝珀（一）

图5-4-61 墨西哥蓝珀（二）

（5）中国抚顺琥珀

中国的琥珀主要产地有辽宁、河南、云南、福建、西藏等，以辽宁抚顺琥珀最为著名。

抚顺可出产高品质的虫珀等，琥珀年龄在3500万～6000万年。琥珀多呈橘色或红色，一般透明，主要产在新生代第三系泥砂质及含煤系地层中，见图5-4-62和图5-4-63。

（a）反射光（一）

（b）反射光（二）

图5-4-62 抚顺煤层中的琥珀

（c）透射光

图5-4-63 抚顺琥珀雕件

5.5 优化处理

优化处理琥珀的鉴定一直是珠宝贸易与实验室鉴定中的难题，而且部分鉴定的结果并不能完全确定。

5.5.1 热处理

琥珀热处理的主要目的是改善或改变琥珀的颜色，提高琥珀的透明度或产生具有特殊效果的包裹体。

琥珀优化处理的影响因素非常复杂，主要包括：琥珀原料的颜色、透明度及块度等；升温时间、恒温时间、降温时间、初始压力、压力释放速度等；环境气氛如惰性气体、氧气及其比例等。

热处理琥珀最典型的包体是圆盘状的包体。如琥珀中包裹昆虫等包体，颜色易在包体周围加深。热处理琥珀的包体见图5-5-1～图5-5-4。

根据热处理目的的不同，工艺分别有净化、烤色、爆花及烤"老蜜蜡"等。

（1）净化

净化指通过控制压炉的温度、压力，在惰性气氛下，用以去除琥珀中的气泡，提高其透明度

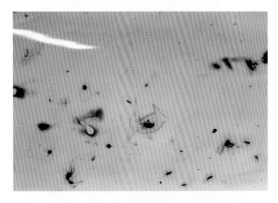

图5-5-1 热处理琥珀的包体（10×）

图5-5-2 热处理琥珀的包体（30×）（一）

图5-5-3 热处理琥珀的包体（30×）（二）

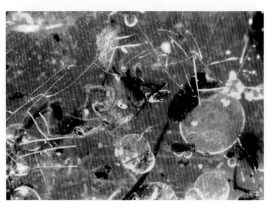

图5-5-4 热处理琥珀的包体（30×）（三）

的方法。

在压力炉中，加热使琥珀部分软化，加压有利于琥珀内部气泡的排出，惰性气体可以防止琥珀氧化变色。

披露的工艺条件：初始气压为4.5 MPa，起始室温为27℃，升高加热温度至200℃，升温时间为3h，恒温约2h，自然冷却14h，至35℃时即可取出。对透明度差、厚度大的琥珀材料，往往需要多次净化或者增加压力、温度和时间才能实现完全透明。

净化的产品类型主要为金珀和金绞蜜。部分金珀是由波罗的海的蜜蜡经净化而成；部分金绞蜜，特别是"金包蜜"品种，也是由热处理"净化"而得到。由于琥珀的净化是由外而内逐渐进行的，接近表层部分的透明度首先得到改善，所以未经彻底净化的蜜蜡内部保留了不透明的"云雾"，最终形成"金包蜜"等品种。净化琥珀见图5-5-5和图5-5-6。

图5-5-5　净化琥珀

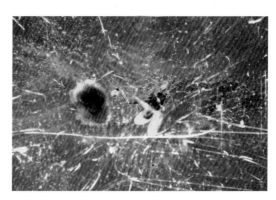

图5-5-6　净化琥珀（30×）

（2）烤色

烤色指在一定的温压条件下，琥珀表面的有机成分经过氧化作用产生红色系列的氧化薄层，使琥珀的颜色得以改善，以获得血珀。

烤色过程也在密封的压力炉中进行，其工艺流程与净化基本一致，唯一不同的是压力炉内的气体成分发生了改变，为了有利于氧化反应的发生，在惰性中加入少量氧气是十分必要的。通常情况下，加热时间越长，氧气含量越高，血珀的颜色就越深。

披露的工艺条件：压力为4.5MPa，加热温度为210℃，加热时间为3h，惰性气体与氧气。热处理后，可转化成暗红色和黑红色。加热时间越长，血珀的颜色越深。若第一次烤色未达到预期效果，可进一步烤色，只是在温度不变的条件下，气体压力需要比上一次增加0.5～1.0MPa，否则琥珀容易爆花。

血珀是琥珀的一个重要品种。各种天然血珀中以缅甸血珀最有名，但是其颜色灰暗、杂质较多并数量稀少，所以市场上的血珀多是用金珀经过人工烤色而来的；尤其是波罗的海的血珀基本是由人工烤色得到。

琥珀经过烤色可以直接获得血珀。血珀经过再加工可以获得阴雕血珀和双色琥珀等产品类型。将弧面形琥珀加热处理成黑红色，抛去弧面表皮，保留底面并在底面上雕刻各种佛像、花卉图像等，即可加工制作成阴雕琥珀，暗色的背景能更好地突出雕刻主题。双色琥珀是通过抛光将血珀的部分氧化层去掉，显露出内部的黄色，使在同一块琥珀中同时呈现两种颜色，增加琥珀的美感。烤色琥珀见图5-5-7～图5-5-12。

图5-5-7 烤色琥珀（一）

图5-5-8 烤色琥珀（二）

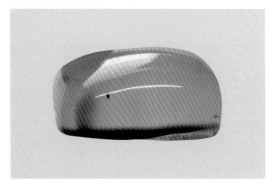

图5-5-9 烤色琥珀的外皮（一）

图5-5-10 烤色琥珀的外皮（二）

图5-5-11 烤色琥珀的外皮（三）

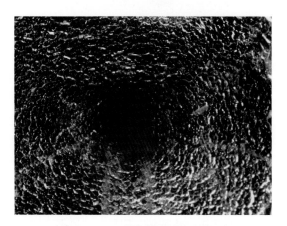

图5-5-12 烤色琥珀的外皮（四）

热处理成血珀后，其深红色可以掩盖琥珀原有的内部杂质，甚至可以掩盖压制琥珀的"血丝"结构。

（3）爆花

爆花指加热条件下，导致气泡发生膨胀、炸裂，产生盘状裂隙，即"太阳光芒"包裹体。爆花的目的就是产生包体，有时还可加深其固有体色，以获得不同颜色的花珀。

爆花可产生金花珀和红花珀，但其很难一次成功，往往需要多次加工。

爆花的琥珀原料要求含一定量气液包裹体。传统的爆花工艺有浸没于热油（如亚麻籽油）、砂炒等方式，其优点是可直观控制爆花效果，但操作简陋、耗时，加工数量有限。现代的工艺一般使用压炉，热处理完成时，释放压炉内的气体，使其迅速降压，打破琥珀中气泡的内、外压平衡（内压大于外压），形成盘状裂隙。

根据"太阳光芒"的颜色又可分为金花珀和红花珀。

"太阳光芒"包裹体同体色一致的金珀，属于绝氧环境下热处理的产物；"太阳光芒"包裹体为红色的金珀，是温压处理过程中有氧参与条件下，使开放性裂隙氧化而变成红色，并抛去表面红皮而成；保留部分红色氧化皮的红花珀则是双色红花珀。

金花珀的工艺流程和净化工艺的前半部分一致，不同的是在加热完成后的开炉阶段：净化工艺在该阶段都有一个压炉自由冷却的过程，而爆花工艺则是马上关掉电源，直接释放炉内气体。

披露的工艺：初始压力为2.0 MPa，最高温度为200℃，加热时间为2h，恒温1h，之后迅速降压。如未达效果，可增加压力与温度，或多次进行。金花珀见图5-5-13～图5-5-16。

图5-5-13　金花珀的"太阳光芒"（10×）

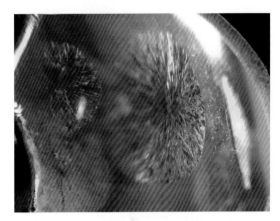

图5-5-14　金花珀的"太阳光芒"（20×）（一）

图5-5-15　金花珀的"太阳光芒"（20×）（二）

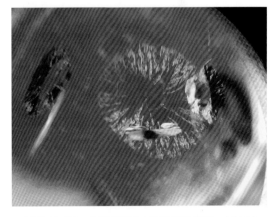

图5-5-16　金花珀的"太阳光芒"（20×）（三）

红花珀工艺同金花珀相似，只是其内部盘状裂隙需延伸至表面，是在一定温度、压力及氧化条件下裂隙被氧化变红而成。爆红花常有两种途径：第一种是在血珀烤色的过程中当炉子停止加热时直接放气，瞬时的压力释放和温压条件的综合作用会导致血珀爆出红花；第二种是在爆出花之后再回炉烤色，烤色过程如同血珀制作过程。红花珀见图5-5-17～图5-5-20。

图5-5-17　红花珀的"太阳光芒"（一）　　　　图5-5-18　红花珀的"太阳光芒"（二）

图5-5-19　金花珀的"太阳光芒"（10×）（一）　　图5-5-20　金花珀的"太阳光芒"（10×）（二）

（4）烤"老蜜蜡"

烤"老蜜蜡"是通过热处理的方式，使琥珀的外观发生变化，以达到仿旧的目的。

"老蜜蜡"的制作工艺相对简单，但耗时长、耗能高，是在常压、低温加热条件下长时间缓慢氧化而成。

首先将琥珀半成品、成品放置于铺有细砂的铁盘中，并放入烤箱，其供热系统是设在烤箱外部的独立装置，也可是联通烤箱的数控装置。烤"老蜜蜡"过程中温度必须相对恒定，温度为50～60℃，时间60～100h。"老蜜蜡"见图5-5-21和图5-5-22。

（5）改色

通过两次或以上加温加压、恒温恒压、降温的过程热处理，可以将琥珀变为绿色。

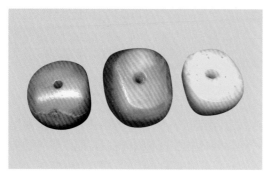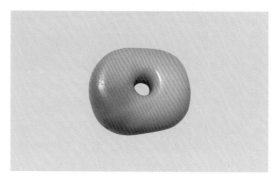

图5-5-21　"老蜜蜡"（一）　　　　　图5-5-22　"老蜜蜡"（二）

5.5.2 染色

琥珀最常见的处理为染色处理。

为模仿暗红色琥珀，用染料处理，也可有绿色或其他颜色的染色处理，可见有染料沿裂隙分布。

5.5.3 辐照

市场上相当部分的声称来自乌克兰的"血蜜蜡"可能是经过辐照处理而形成的。

披露的方法：采用10MeV电子直线加速器，功率为20kW，在常温常压下进行。样品置于加速器钛窗下的传送带上进行辐照。琥珀和柯巴树脂均可产生树枝状应力裂纹。

此类辐照琥珀最重要的特征就是琥珀等绝缘体在受到电子束放电击穿后形成根须状应力裂纹，也称利希滕贝格图样。辐照琥珀见图5-5-23和图5-5-24，辐照前后琥珀包体的特征见表5-5-1。

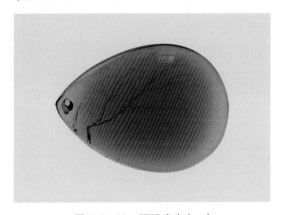 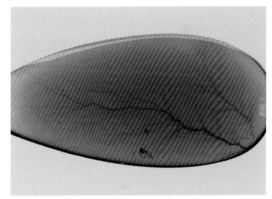

图5-5-23　辐照琥珀（一）　　　　　　图5-5-24　辐照琥珀（二）

表5-5-1　辐照前后琥珀的包体特征

辐照前琥珀的包体	辐照后琥珀根须状包体的特点
具有凹陷、裂隙等包体	在凹陷和裂隙处，易形成根须状包体； 自原裂隙位置处分形，呈粗到细根须或树枝状
凹陷和裂隙数量多	产生的根须状包体较多、较细
凹陷和裂隙数量少	产生根须状包体的粗细分枝明显

5.5.4 覆膜

（1）覆膜琥珀的工艺

市场上主要有两种覆膜的种类，一种是覆无色膜，另外一种是覆有色膜。

覆无色膜使用较多，在实验室鉴定中可被定为"优化"而无须声明，因此商家多使用这种方式提高琥珀的光泽，省略抛光的工序，同时在售卖的过程中仍然维持信誉。目前镀无色膜主要使用于雕刻复杂的雕件上，为了避免人工抛光的低效率，直接采用机器代替人工的方式，覆膜以后琥珀会具有强树脂光泽，大大增加了其美丽性。

另外一种是覆有色膜，覆有色膜对琥珀的外观改变较大，在实验室鉴定中将其定义为"处理"。

目前工厂中使用的覆膜工艺主要是使用喷枪镀膜的方式，首先将待镀琥珀烘干，烘干后用喷枪将所谓的"油"均匀地喷到琥珀的表面，静置待油固化以后，即完成镀膜过程。整个过程都暴露在空气中进行，因此所喷的"油"含有与空气反应会凝固的物质。

在这个过程中，烘干有不同的方式，有的工厂会采用放在烘机里微加热的方式烘干，有的会采用直接阴干的方式，或者使用白炽灯照射的方式烘干，还有的工厂会直接将琥珀放在太阳底下晒干。

另外一种镀膜的工艺是直接浸泡法。该法是将琥珀直接浸泡在油的溶液中，拿出后待其固化以后即完成镀膜过程。但此方法制作出来的琥珀制品，在凹陷处可能有大量的气泡，而且由于浸泡过程中油无法均匀地覆盖到琥珀上，因此会导致琥珀的厚度不一。该方法较易鉴别。

（2）覆膜琥珀的鉴定

覆膜琥珀与膜与内部琥珀的红外光谱存在一定的差异，能将二者区分开，但是鉴定其为覆膜琥珀，还需要进行常规的宝石学鉴定。覆膜琥珀的鉴定见表5-5-2、图5-5-25～图5-5-28。

表5-5-2　覆膜琥珀的鉴定特征

鉴定内容	鉴定特征
光泽	强树脂光泽，强于一般的琥珀
凹坑处	有大量的气泡
显微观察	覆无色膜琥珀的膜颜色浅；覆有色膜的膜颜色深，过渡不自然
针挑拨或丙酮浸泡	薄膜会呈片状脱落
红外光谱	出现天然琥珀所不具备的红外吸收谱带：芳 C—C 伸缩振动导致的1518cm^{-1}处的吸收峰，以及760cm^{-1}和702cm^{-1}处的组合峰；2930cm^{-1}和2862cm^{-1}红外吸收谱带的强度较琥珀弱；C=O 伸缩振动所致的1726cm^{-1}吸收峰表现异常尖锐，且半波宽较窄

图5-5-25　覆膜琥珀外侧

图5-5-26　覆膜琥珀剖面

5.5.5　压制

由于一些琥珀块度过小，不能直接用来制作首饰，因此将这些琥珀碎屑在适当的温度、压力下烧结，形成较大块琥珀，称为压制琥珀，亦称再造琥珀、熔化琥珀或模压琥珀。

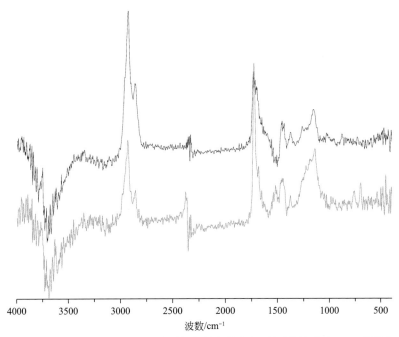

图5-5-27　波罗的海镀深色膜琥珀的红外光谱（上：波罗的海琥珀；下：镀膜）

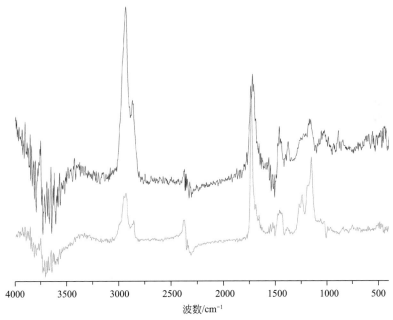

图5-5-28　波罗的海镀浅色膜琥珀的红外光谱（上：波罗的海琥珀；下：镀膜）

（1）传统方法

　　压制琥珀起源于19世纪末在奥地利使用高温熔化碎片琥珀合成大块琥珀的技术。随后德国、俄罗斯等国家开始大量研究生产压制琥珀。在加工过程中，可添加颜料或是亚麻籽油进行染色处理。清末民初这种使用压制琥珀做成的雕刻件在中国曾经流行过，多以红色透明雕刻件的形式出现，如鼻烟壶、佛像、琥珀碗等。

① 工艺　传统的研制方法是用压机热压处理压制。压制琥珀的基本制作方法如下：

a. 准备一个含有特殊过滤系统的金属容器，方便在加热过程中过滤杂质；

b. 当加热温度达到170～190℃时，琥珀碎块逐渐软化，杂质沉淀从过滤系统被过滤出去；

c. 当温度提升到200～250℃后，琥珀中的空气泡被压出；

d. 最后向琥珀施以压力，就可以将琥珀碎块压制在一起形成一个较大的琥珀，同时也可借用各种模具加工成各种所需的形状，如圆形、方形、雕件等。

压制琥珀有不易碎、可塑性强的特点，所以也常被用来制成各种雕件、念珠，或是压入昆虫做成虫珀等。

② 鉴定特征　这种琥珀的特征在于类似糖浆状的搅动构造，放大可见类似"血丝"状构造等，见表5-5-3。此外，压制琥珀在紫外荧光下的颜色分布与其自身的颜色分布大致相同，呈相间相绞状分布，具明显的颗粒状结构。

表5-5-3　压制琥珀的显微特征

观察内容	现象
"血丝"状构造	围绕在颗粒间的"血丝"状构造，具有指示性； 形态像毛细血管，呈丝状、云雾状、絮状等，在紫外荧光下观察得更清楚； 在抛光面上可见相邻碎屑因硬度不同而表现出凹凸不平的界线
流动构造	辅助性的特征； 碎片搅动的状态和漩涡状态不规则的纹路
拉长和沿界面分布的气泡	丰富的气泡：颗粒间以及搅动过程中都会形成新的气泡，因而比天然琥珀的气泡更丰富，由于受到高压，气泡会成为长条形；密集、细小的气泡不规则地分布于整块琥珀中，部分颗粒内部有小气泡沿接触面分布。 再经过热处理，会出现细小、定向排列、一层一层密集排列的圆盘状"太阳光芒"

（2）新方法

由于琥珀的需求不断增加，因而压制琥珀的工艺也不断改进。新方法压制的主要品种有压制金珀、压制血珀、压固蓝珀及其他的复合处理品等。这些压制琥珀常被磨成圆珠，以做成手链、佛珠等饰品，或间杂混合在天然琥珀成品中进行销售。

现今常用的方法包括绝氧环境下压制处理、低温高压处理、二次复合处理等。新品压制琥珀基本改善了传统压制琥珀中围绕颗粒的"血丝"状构造，使颗粒熔合更加完美，见图5-5-29～图5-5-38。

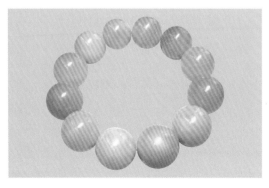

图5-5-29　压制琥珀（一）

图5-5-30　压制琥珀（二）

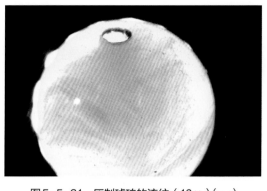

图5-5-31 压制琥珀的流纹（10×）（一）

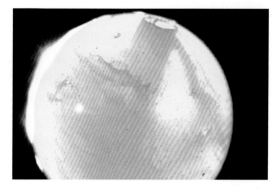

图5-5-32 压制琥珀的流纹（10×）（二）

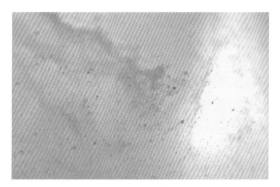

图5-5-33 压制琥珀的显微结构（30×）（一）

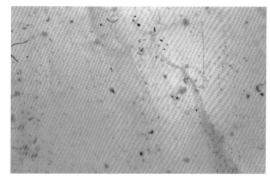

图5-5-34 压制琥珀的显微结构（30×）（二）

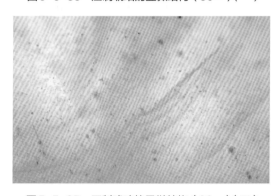

图5-5-35 压制琥珀的显微结构（30×）（三）

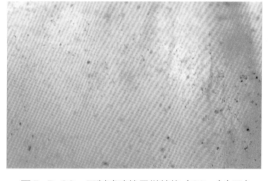

图5-5-36 压制琥珀的显微结构（30×）（四）

图5-5-37 压制琥珀的显微结构（30×）（五）

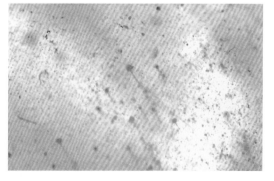

图5-5-38 压制琥珀的显微结构（30×）（六）

① 压制金珀

a. 工艺　首先对压制材料进行"去皮"处理，即剥离原料表面的氧化皮及脏皮；再根据粒径大小、材料颜色和透明度详细分选；最后将分选后的碎料送入配有真空泵和加热系统的压机中加热软化琥珀，同时施予定向压力即可获得较大体积的压制金珀。

b. 鉴定　压制金珀的重要特征是颗粒间的熔合更加完美，颗粒感更加隐蔽，这与传统的压制金珀的特征明显不同。压制金珀的碎屑大多是小于0.5cm的碎块或碎片，形态多为棱角至次棱角状，整体呈三维粒状"镶嵌"结构，抛光面上有时可见相邻碎粒因硬度差异表现出凸凹不平。

压制金珀的红外光谱同天然波罗的海琥珀的基本一致，仅在$I = 2933cm^{-1}/I = 1735cm^{-1}$处红外吸收谱带强度的比值接近4∶3；而天然波罗的海琥珀的正常比值多为（2.5～3）∶1。

② 压制血珀

a. 工艺　首先将琥珀碎料研磨成碎粉，装入一定形状的圆柱状模具中，加热模具使碎粉达到软化温度，同时施予定向压力，冷凝后即可形成较透明、均一的压制血珀。压制血珀中红色斑点可能是琥珀粉末不均一氧化所致。

b. 鉴定　压制血珀的外观呈均一的红色，内外一致，不同于颜色仅限于表面的"烤色"处理血珀，多加工成大的雕刻件或切磨成圆珠。

压制血珀的折射率为1.55～1.56，高于天然琥珀的1.54；在长波紫外光下发弱的土黄色荧光或无荧光；在反射光下，压制血珀内可见清晰的碎粒至碎粉状结构，在透射光下表现为均匀分布的红色斑点状结构。

压制血珀的红外光谱中$I = 2933cm^{-1}/I = 1735cm^{-1}$处的红外吸收谱带强度的比值小于1，位于$1262cm^{-1}$、$1165cm^{-1}$处的C—O伸缩振动谱带变强，反映了C—O官能团的浓度增加，显示压制过程是在开放体系下有氧气参与的环境气氛中进行的。

③ 压固蓝珀

a. 工艺　将块度较大、存在大裂隙的蓝珀原料放入热压处理琥珀的压炉中，加热软化裂隙表面，熔合裂隙，从而改善蓝珀材料的可用性。

b. 鉴定　压固蓝珀总是在表面隐约泛出褐红色调，且颜色呆板、发闷，不及天然蓝珀的颜色灵动。

天然蓝珀的红外光谱中在$I=2933cm^{-1}/I = 1735cm^{-1}$处的红外吸收谱带强度比值多为（3～5）∶1，且$1723cm^{-1}$、$1698cm^{-1}$处的羰基峰多呈分裂状；压固蓝珀的红外光谱中$I=2933cm^{-1}/I = 1735cm^{-1}$处的吸收谱带强度比值降为4∶3或1∶1，$1723cm^{-1}$、$1698cm^{-1}$处的羰基峰合并，峰形明显变陡、变宽，对应C—O伸缩振动谱带所致的$1242cm^{-1}$、$1175cm^{-1}$、$1146cm^{-1}$、$1107cm^{-1}$处的吸收强度也同步增加。

④ 压固胶结蓝珀

a. 工艺　将不成型、部分带皮或不带皮的小块蓝珀原料，掺入一定比例的柯巴树脂粉末或同产地成熟度低的天然树脂粉末，在热处理琥珀工艺条件下，首先使熔点低于蓝珀的柯巴树脂粉熔融成液态起胶结碎块的作用。

蓝珀的边角料也可被熔合压制成较大体积的块料。

b. 鉴定　可有未完全熔化的柯巴树脂粉呈白色不透明流纹或其他形态残留在蓝珀碎块间。

为防止柯巴树脂熔化后流入压炉，常用锡纸来包裹处理琥珀，因此加工好的雕刻件的表面或近表面可附着具金属光泽的银白色锡纸碎片或碎渣等残留物。

若压固胶结处理后仍未达到完美效果，往往还需用其他无机物或有机物混合石英砂进行修补，以仿制天然蓝珀表面黏结的深灰色碳质泥灰岩、灰岩围岩"皮壳"，其主要鉴定特征是"皮壳"严格受控于空洞形态而且显示流动构造。

红外光谱测试表面的白色残留物，除羰基伸缩振动致1695cm^{-1}处的红外吸收谱带强度增加为柯巴树脂，出露在表面的白色残留物的红外光谱特征与柯巴树脂基本一致，差别仅在于：羰基伸缩振动致1695cm^{-1}处的红外吸收谱带强度较强，以及3081cm^{-1}、1646cm^{-1}、888cm^{-1}一组与不饱和C=C双键有关的吸收峰因热处理有所减弱。

⑤ 压制蜜蜡　压制蜜蜡的颜色同天然蜜蜡及烤色老蜜蜡的相似。

压制蜜蜡的折射率和相对密度与天然蜜蜡的基本一致。在紫外长波下，压制蜜蜡发中至弱的土黄色荧光，与天然蜜蜡的强黄白色荧光相差甚远。

压制蜜蜡的红外光谱在1260cm^{-1}和1158cm^{-1}附近大多显示由C—O伸缩振动所致的波罗的海琥珀特有的峰形——"波罗的海肩"（Baltic Shoulder）；有时由环外亚甲基双键上CH面外弯曲振动致888cm^{-1}处加热到200℃即可消失的弱吸收峰仍然存在。

仅少数颜色深的压制蜜蜡样品中$I=2933$cm^{-1}/$I=1735$cm^{-1}处的红外吸收谱带比值接近4：3，显示有加热迹象。有些完全不透明的粉末状压制蜜蜡的红外光谱与波罗的海琥珀的相似，表现为1154cm^{-1}和874 cm^{-1}处的宽、陡吸收。

天然蜜蜡具有相对较规则、边界清晰、由无数微小气泡群组成的似玛瑙纹状的流纹。压制蜜蜡的流纹则有明显差异，见表5-5-4。

表5-5-4　压制蜜蜡的显微特征

观察内容	现象
叶脉状流纹	压制蜜蜡的诊断性的依据；流纹像树叶的茎脉从根部对称向外舒展，流纹由透明度差异清晰地呈现出来
丝瓜瓤状流纹	与丝瓜瓤相似，纹路呈不规则扯拉状，为粉末压透部位和未压透部位相互交织所致
不规则条带状流纹	呈条带状或不规则状，流纹边界毛糙，光滑感较差
颗粒结构	为碎斑－碎基结构、碎粒－碎基结构和碎粉结构，颗粒半透明状零星分布于不透明碎基中

此外，压制蜜蜡有时又被雕刻成花雕件或加工成磨砂珠，其压制结构可被掩饰或遮盖，鉴定时应采用光纤灯强光照射，详细观察样品的结构和流纹，才能做出准确的判定

⑥ 压制"绿珀"　压制"绿珀"（市场称其为"绿珀"）其实是经热压处理的哥伦比亚柯巴树脂，其原料并非琥珀粉末。

5.6　鉴定

5.6.1　仿制品

琥珀是中生代白垩纪至新生代第三纪松柏科植物的树脂经各种地质作用后形成的一种天然树脂化石。目前，市场上常见的琥珀仿制品主要有天然树脂和人工合成树脂这两类，也就是柯巴树脂和塑料。

（1）塑料（人工合成树脂）

塑料（plastics）是以单体为原料，通过加聚或缩聚等反应聚合而成的高分子化合物。塑料的主要成分是树脂（resin），另外还有填料、增塑剂、稳定剂、润滑剂、色料等添加剂。树脂是指尚未和各种添加剂混合的高分子化合物，因最初是由动植物分泌出的脂质而得名，如松香等。树脂约占塑料总重量的40%～100%，决定着塑料的主要性质，当然添加剂也起重要作用。

塑料仿琥珀中常加入昆虫，以求逼真，常放入死昆虫，昆虫死后呈蜷曲状，而非琥珀中被树脂捕获时的挣扎状；另外在塑料中常加入金属催化剂，因而可见金属小片的闪光。

马丽散是一种聚亚胺胶脂材料，主要应用于工业。市场上仿琥珀的塑料有相当部分是马丽散。另外还有其他的塑料。仿琥珀的塑料见表5-6-1、图5-6-1～图5-6-10。

表5-6-1　琥珀与塑料的鉴别

鉴定特征	琥珀	塑料
表面特征	较光滑	铸模痕
内部昆虫	挣扎状	蜷曲状，小金属片
饱和盐水中	上浮	下沉
气味（热针探试）	特殊气味	辛辣味
小刀在不起眼处切	崩口或破裂	卷边的薄片或长条

图5-6-1　马丽散仿琥珀原石（一）

图5-6-2　马丽散仿琥珀原石（二）

图5-6-3　马丽散仿琥珀原石（三）

图5-6-4　马丽散仿琥珀原石（四）

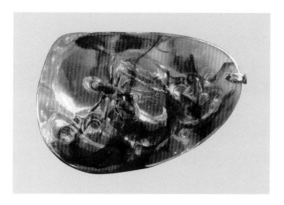

图5-6-5　塑料制品仿虫珀（一）

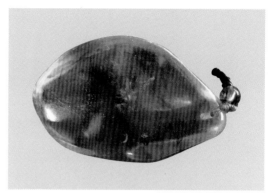

图5-6-6　塑料制品仿虫珀（二）

图5-6-7　塑料制品仿虫珀（三）

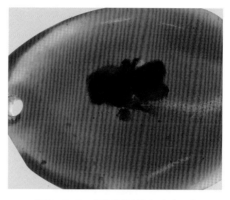

图5-6-8　塑料制品仿虫珀（四）

图5-6-9　塑料制品仿蜜蜡（一）

图5-6-10　塑料制品仿蜜蜡（二）

　　琥珀和塑料的红外光谱见图5-6-11。

　　塑料与天然琥珀的红外光谱有较大的区别，振动的位置和强度均明显不同：在2800～3000cm⁻¹的范围内，琥珀的红外振动谱带强度明显强于人工合成树脂；在400～1500cm⁻¹的范围内，人工合成树脂在753cm⁻¹、704cm⁻¹处出现了天然琥珀没有的红外振动谱带。

　　红外光谱测试能便捷快速地将琥珀与市场上常见的塑料（人工合成树脂）如氨基树脂、醇酸树脂、聚甲基丙烯酸甲酯、环氧树脂等区分开。

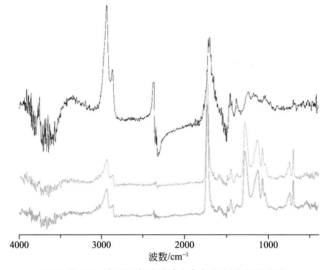

图5-6-11 波罗的海琥珀（上）与塑料的红外光谱

（2）柯巴树脂（天然树脂）

和琥珀外观类似的天然树脂其实有两类：松香和柯巴树脂。

松香是一种未经地质作用的树脂，其化学组成主要为树脂酸、少量脂肪酸和松脂酸等，属于不饱和脂肪酸，燃烧时有芳香味。由于松香的香味并未完全挥发出，其表面易裂开，常具有裂纹，所以较容易与琥珀区分。

柯巴树脂是琥珀最主要的仿制品。琥珀与柯巴树脂都是天然树脂在不同地质条件和不同时期的产物。柯巴树脂是年龄小于200万年未石化的硬树脂，主要含有萜烯类挥发性组分和树脂素等，大多数柯巴树脂的年龄在100万年以内。琥珀是经过各种地质作用石化，由柯巴树脂的萜烯类挥发性组分蒸发后转化而成的有机化合物，主要含有琥珀酸、琥珀松香酸、琥珀醋酸等，两者的化学成分具有过渡性与相似性。琥珀与柯巴树脂的区别见表5-6-2、表5-6-3和图5-6-12～图5-6-18。

表5-6-2 琥珀与柯巴树脂的鉴别

鉴定特征	琥珀	柯巴树脂
琢形	各种琢形	原石或抛光的随形、简单琢形为主；不出现珠子或复杂雕件等琢形
表面特征	较光滑	裂纹
内部昆虫	挣扎状	挣扎状
饱和盐水中	上浮	上浮
气味（热针探试）	特殊气味	松香味
小刀在不起眼处切	崩口或破裂	崩口或破裂
滴酒精/乙醚/冰醋酸溶剂	无反应	30s后表面发黏或变得不透明
曝露于日光下	一般无反应	非常小而深的头发样的裂纹

表5-6-3　柯巴树脂的特征振动峰

振动模式	特征谱带
C＝CH_3双键反对称伸缩振动	3083cm^{-1}附近吸收弱谱带
CH＝CH双键伸缩振动	1637cm^{-1}附近吸收弱谱带
[CH(CH_3)$_2$]骨架振动	889cm^{-1}附近处谱带
C—C键的伸缩振动	700cm^{-1}、637cm^{-1}附近处弱谱带

图5-6-12　柯巴树脂（一）

图5-6-13　柯巴树脂（二）

图5-6-14　柯巴树脂（三）

图5-6-15　柯巴树脂（四）

图5-6-16　柯巴树脂（五）

图5-6-17　柯巴树脂（六）

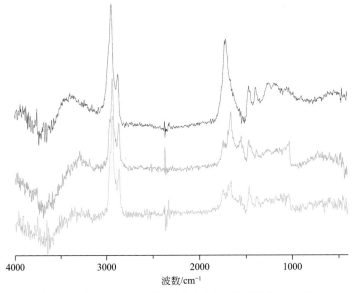

图5-6-18　波罗的海琥珀（上）与柯巴树脂的红外光谱

884cm^{-1}、1645cm^{-1}、3078cm^{-1}处的组合吸收峰是判断琥珀与柯巴树脂的指示峰位，柯巴树脂可完整展现以上三处组合峰位，而琥珀则往往缺失其中的某些峰位。因此可以说，这三处的组合吸收峰在一定程度上可以显示出琥珀的成熟度，可以据此判断出琥珀的石化程度，但不能仅凭此组合峰完全区分琥珀和柯巴树脂。

5.6.2　四产地琥珀

对于缅甸、多米尼加、波罗的海和辽宁抚顺四地所产的琥珀，可用红外光谱等测试进行区别，见图5-6-19、图5-6-20和表5-6-4。

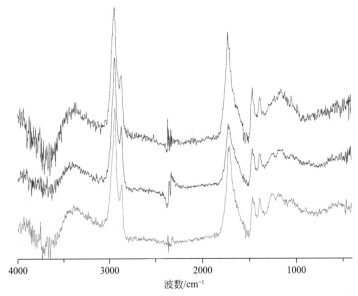

图5-6-19　缅甸（上）、多米尼加（中）和波罗的海（下）琥珀的红外反射光谱

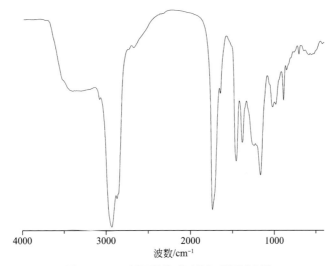

图5-6-20 波罗的海琥珀的红外透射光谱

表5-6-4 四产地琥珀红外光谱特征峰对比

特征峰/cm⁻¹	波罗的海琥珀	缅甸琥珀	多米尼加琥珀	辽宁抚顺琥珀
888	有	无	有	有
1033	无	有M形峰	无	有M形峰
1134	无	有V形峰	无	有V形峰
1250～1150	波罗的海肩	部分呈W形的振动峰趋势	—	—
1645	有	无	有	有
C—O官能团	1733cm⁻¹一个强振动峰	1720～1728cm⁻¹	1700～1726cm⁻¹的特征的分裂双振动峰	1696～1725cm⁻¹强弱不同的两个振动峰
3082	有	无	有	无

波罗的海琥珀在1250～1150cm⁻¹这个区域的C—O吸收表现为一个下坡阶梯状的"V"形，被称为"波罗的海肩"，这个特征形状的吸收峰可以作为波罗的海琥珀的特征吸收峰。研究表明这个肩是由酯（聚酯）官能团中（C—O）振动所致，在保存完好的琥珀中多呈平坦状，但对一些氧化的琥珀这个肩会发生倾斜。

通过红外粉末透射法的光谱分析，可以得到波罗的海琥珀的特征吸收峰为1150～1250cm⁻¹范围内存在"波罗的海肩"，这个可以作为反射和透射法中鉴定波罗的海琥珀的特征峰。

C—O官能团引起的振动，对于每个产地来说都有细微的差别。波罗的海琥珀在（1733±5）cm⁻¹出现一个强的吸收峰；缅甸琥珀的峰可以出现在1700～1728cm⁻¹范围内，可为单峰或强弱不同的两个峰；多米尼加琥珀的吸收峰位于1700～1726cm⁻¹，呈现特征的分裂双峰，形似"山"字；辽宁抚顺琥珀的吸收峰位于在1696～1725cm⁻¹范围内，可见强弱不同的两个吸收峰。

四个产地的琥珀石化程度的关系是：缅甸琥珀＞辽宁抚顺琥珀＞波罗的海琥珀＞多米尼加琥珀。缅甸琥珀是目前已知的形成时间最早的琥珀，故其石化程度最高，由表5-6-4中数据可以看出，其吸收峰与其石化程度相符合，表征C═C振动的3082cm⁻¹、1645cm⁻¹、888cm⁻¹处均未见吸收峰。辽宁抚顺琥珀的石化程度高，与C═C振动相关的3082cm⁻¹处振动峰缺失，因而1645cm⁻¹、888cm⁻¹处谱峰强度均不明显。多米尼加琥珀石化程度低于辽宁抚顺琥珀，在样品中出现了3082cm⁻¹、1645cm⁻¹、888cm⁻¹振动峰不同强度的不同组合。波罗的海琥珀相对最年轻，可能会出现这三个峰。

此外，缅甸琥珀的1724cm⁻¹处吸收峰大于1695cm⁻¹的吸收峰，而辽宁抚顺琥珀的1724cm⁻¹处吸收峰明显小于1695cm⁻¹的吸收峰。

5.7 质量评价

国际上琥珀的质量主要是根据颜色、透明度、块体大小、内含物和绺裂等因素来进行质量评价，见表5-7-1、图5-7-1～图5-7-10。

表5-7-1 琥珀的质量评价

评价因素	质量评价内容
颜色	一般而言，金黄色的金珀、血珀和蓝珀价值更高，棕珀、白蜜蜡等价值略低。 金珀：颜色越接近金黄色，质量越高。 血珀：颜色正且浓艳者为上品。 蓝珀：本体颜色越金黄越好；在紫外灯、暗背景或合适的光源角度下，蓝色越明显、鲜艳，质量越高
内含物	内含物的类型、稀有性以及美观、完整程度是决定质量的关键因素； 含动、植物遗体多且完整者为佳品，个体不完整者则较差
净度	琥珀中裂隙、裂纹、杂质越少越好； 琥珀中常有气、液包体，数量多时影响透明度
透明度	一般以越透明越好，以晶莹剔透者为上品； 部分国家和地区喜爱不透明的蜜蜡品种
块度	要求有一定块度； 一般而言，块度越大越好
雕工琢形	是否生动、饱满、精细等； 血珀的内部常有各种裂隙，难以雕刻，且难做成圆珠，一旦出现雕刻件、圆珠甚至蛋面，价值都会高于随形的珠子

图5-7-1 雕工好、净度高的多米尼加蓝珀

图5-7-2 雕工好、净度略差的多米尼加蓝珀

图5-7-3　从右至左质量依次提高的多米尼加蓝珀

图5-7-4　不同质量的多美尼加蓝珀

图5-7-5　高质量的多米尼加蓝珀首饰

图5-7-6　裂隙、杂质多的墨西哥蓝珀

图5-7-7　颜色、净度稍差的缅甸金蓝珀

图5-7-8　高质量的缅甸金蓝珀

图5-7-9　雕工好的缅甸棕金珀

图5-7-10　同质量的珠子直径越大单价越高

5.8　保养

　　琥珀硬度低，怕摔砸和磕碰，应该单独存放，不要与钻石、其他尖锐的或是硬的首饰放在一起。血珀首饰害怕高温，不可长时间置于阳光下或是暖炉边，如果空气过于干燥易产生裂纹。要尽量避免强烈波动的温差。

　　尽量不要与酒精、汽油、煤油和含有酒精的指甲油、香水、发胶、杀虫剂等有机溶液接触。喷香水或发胶时要将血珀首饰取下来。

　　琥珀与硬物摩擦会使其表面出现毛糙，产生细痕，所以不要用毛刷或牙刷等硬物清洗血珀。

　　另外，由于血珀多裂隙，当血珀染上灰尘和汗水后，可将其放入加有中性清洁剂的温水中浸泡，用手搓干冲净，再用柔软的布擦拭干净，最后滴上少量的橄榄油或茶油轻拭血珀表面，稍后用布将多余油渍沾掉，可使其恢复光泽。很多血珀销售前均泡于油中，见图5-8-1和图5-8-2。

　　图5-8-1　血珀多裂隙

　　图5-8-2　浸油的血珀

6

贝　壳

6.1　应用历史与文化

　　贝壳（shell）是指许多贝类、蚌类、海螺类等软体动物所具有的钙质硬壳。贝壳的主要成分为95％的碳酸钙和少量的壳质素。人类对贝壳的发现和应用有着悠久的历史，从远古时期，人类就选用贝壳作为自己的装饰品，例如北京周口店山顶洞人用打孔的贝壳制成装饰品，这应该是人类最早的饰品。贝壳在远古时代还曾经作为钱币使用。

　　贝壳的韧性好，易加工和雕琢成各种精美的装饰品和工艺品。目前用于制作纽扣、珠子、弧面宝石、镶嵌品、贝雕、盒子和家具的镶嵌品等，应用广泛。对贝壳进行合理的开发利用，会使其身价倍增。

6.2　成因

　　贝壳是软体动物在环境温度与压力下将周围环境中的无机矿物（$CaCO_3$）与自身生成的有机物相结合制造出的复合材料，其过程是一种由有机质调节而形成的生物矿化过程。部分贝壳，特别是育珠贝，具有珍珠层，具有"片状珍珠"之称，成分与结构等与珍珠基本相同。

　　珍珠层是受软体动物外套膜细胞分泌的有机质控制而形成的。首先由软体动物外套膜分泌出有机质框架，外套膜上表皮细胞分泌的无机离子和蛋白质通过外套膜蛋白层孔，在此框架中以碳酸钙胶体滴珠的形式渗出。随着其逐渐生长、扩大、加厚、延伸，直至受到上面一层介壳质薄板阻碍时，向上加厚的生长就停止了；再向横向发展变得扁平，直至受到相邻晶体的限制。由此形成了珍珠层内文石微晶似马赛克拼盘一样有序排列，以及介壳质在其空隙中分布的结构特点，并且碳酸钙层也在逐步地生长、扩大、加厚，然后再横向扁平地生长。

　　珍珠层的成因理论主要有以下几种：

　　（1）外套膜外上皮细胞年龄理论

　　由于贝壳边缘由方解石棱柱层组成，较内侧由珍珠层组成，因此壳边缘处的外上皮（与棱柱层位置相对应）细胞，越往壳内部，细胞年龄越老。

　　外套膜外上皮外缘长柱状细胞年龄较轻与棱柱层有关；较内侧较老的外上皮细胞呈立方形，与珍珠层形成有关。

　　（2）细胞内结晶和细胞外组装理论

　　该理论认为，外套膜细胞分泌有机质、离子等成壳前驱物，这些前驱物在套膜和表壳层之间的外套腔经一系列相互作用结晶沉淀而形成了壳。在套膜外上皮细胞的囊泡（vesicle）中存在低密度的钙颗粒；珍珠层内表面（朝套膜一侧）初生的珍珠层中，珍珠层的结构是很不完善的，定向排列较差，但整个珍珠层是高度定向的。

　　上皮细胞中的囊泡为珍珠层中碳酸钙矿物的初始成核位置，方解石棱柱体（prism）和文石板片（tablet）都形成于此，然后被囊泡输送至细胞外表面组装成壳的方解石棱柱层或文石珍珠层。

　　（3）"隔室"理论

　　该理论认为有机质预先形成隔室，晶体在隔室中成核生长，隔室的形状限制了晶体的形状。

外套膜细胞分泌的有机基质组成小隔室。在隔室中的酸性基团键合钙离子并诱导晶体生长，在垂向上碰到有机质纤维"板"及在横向上碰到相邻晶体时，晶体停止生长，最终形成了珍珠层的层状结构。

（4）"矿物桥"理论

该理论认为，珠母贝结构是通过"矿物桥"连续生长形成的。每根"矿物桥"基本呈圆柱形，其高度与有机基质层厚度相同。晶体可以在已经生成的晶体上继续发育，可能通过微层间的基质的网孔进行交生，并通过幕间沉积的方式形成珍珠层。通过对"矿物桥"的进一步研究，有人发现了"矿物桥"在有机基质层中的几何特征和分布规律，并提出了珠母贝的微结构应描述为"砖-桥-泥"式结构，双壳类珍珠层并不存在预先形成的隔室，"隔室"只是假象。当晶体随着生长而与其他晶体接触时，有机质自然会夹于晶体间。

通过层间有机板片的孔隙，文石晶体保持生长，每一个新成核的文石小板片朝套膜方向垂直生长，直到碰到另一层层间基质板片，此时垂直生长才会终止，然后小板片横向生长形成新的小板片。在堆垛型珍珠层中，垂直生长的速度约是横向生长的两倍，表明一个新成核的小板片沿c轴方向生长最快，一旦正在生长的板片碰到板片上方邻近的层间基质中的孔隙，它将像一个矿物桥一样穿过孔隙使一个新的小板片结晶生长；相对于下方板片而言，这个新的板片存在一个横向偏移，当较老的板片横向生长时，在新老板片间形成更多的矿物桥，这将使得板片在较多位置上同时生长。然而在使新的板片成核时，第一个矿物桥起了关键的作用。

6.3 宝石学特征

6.3.1 基本性质

贝壳的宝石学基本性质见表6-3-1、图6-3-1～图6-3-10。

表6-3-1 贝壳的基本性质

化学成分		$CaCO_3$，有机成分：碳氢化合物、壳角蛋白
结晶状态		无机成分：斜方晶系（文石），三方晶系（方解石） 有机成分：非晶质
结构		层状结构或放射状结构
光学特征	颜色	可呈各种颜色，一般为白色、灰色、棕色、黄色、粉色等
	光泽	油脂光泽至珍珠光泽
	透明度	半透明
	特殊光学效应	可具晕彩效应，珍珠光泽
力学特征	摩氏硬度	3～4
	韧度	高
	相对密度	2.86
结构特征		层状结构，表面叠复层结构，"火焰状"结构等
加工琢形		利用贝壳颜色分层等特点雕成浮雕等雕刻品； 圆珠、弧面等； 将贝壳磨成小片，拼合成各种工艺品

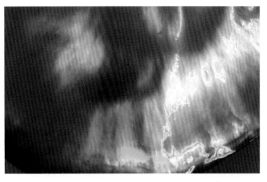

图6-3-1　贝壳的晕彩（企鹅贝）

图6-3-2　贝壳的晕彩（三角帆蚌）

图6-3-3　贝壳雕刻品

图6-3-4　贝壳浮雕（一）

图6-3-5　贝壳浮雕（二）

图6-3-6　贝壳圆珠与雕件

图6-3-7　贝壳弧面

图6-3-8　贝壳圆珠

图6-3-9 贝壳工艺品（一）

图6-3-10 贝壳工艺品（二）

6.3.2 力学性质

贝壳作为软体动物的防护装备，主要功用是抗压，防止壳体受损以致伤及身体。目前的科学研究表明，贝壳可具有7种微结构，即柱状珍珠母结构、片状珍珠母结构、簇叶结构、棱柱结构、交叉叠片结构、杂交叉叠片结构和均匀分布结构。

珠母贝作为一般贝壳中最内层材料，它的力学性能是这7种结构中最好的，尤其是在材料的强韧性上表现最为突出。珠母贝所具有"砖－桥－泥"式结构，不仅可以增大裂纹阻力，阻止裂纹扩展，而且还能有效地提高珠母贝有机基质界面的弹性模量、材料强度和韧性，其断裂功约是作为它基本成分的碳酸钙晶体的断裂功的3000倍。因此，研究珍珠母贝的显微结构和性能，并合成类珠母贝结构的人工材料，成为当今生物矿化和材料仿生设计研究的热点问题。

6.4 分类

根据包括贝壳和软体在内的形态特征，它们一般被分为五类，其中腹足类和双壳类是最常见的两种。贝壳常见的分类见表6-4-1。

表6-4-1 常见贝壳的类别

贝壳类别	特征	常见贝种
腹足类（单壳类）	一个螺旋形的贝壳，发达的足部位于身体的腹面	大凤尾螺、鲍鱼贝等
双壳类（瓣鳃类）	左右两个壳，壳间由一条韧带连接起来；鳃通常呈瓣状	三角帆蚌、马氏贝等
多板类	壳体扁平，背部中央覆有8块壳板	石鳖等
掘足类（管壳类）	贝壳微微弯曲，呈牛角状或象牙状	象牙贝等
头足类	平旋形或直角形的壳体，内部有隔板分割成气室	菊石化石、鹦鹉螺等

常用于宝石装饰材料的贝壳主要有双壳类的珠母贝和砗磲，腹足类的鲍鱼贝和凤尾螺等。

6.4.1 双壳类珠母贝贝壳

双壳类珠母贝主要包括海水贝和淡水蚌。

（1）马氏贝贝壳

马氏珍珠贝是生产Akoya海水养殖珍珠的母贝。贝体左右着生贝壳，两壳左右不等。左壳稍凸，右壳较平。

马氏珍珠贝分布较广，我国广东和海南等省沿海都有分布；在国外，斯里兰卡、印度、日本、越南等国家也有分布，尤以日本最多。

马氏贝贝壳的主要物相为文石，次要物相为方解石。马氏贝贝壳外侧和内侧边缘碳酸钙的物相主要为棱柱状方解石，内侧珍珠层部分的物相主要为片状文石，见图6-4-1~图6-6-4。

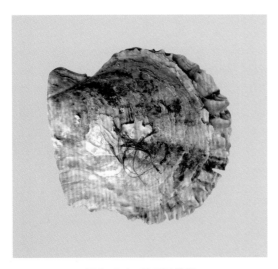

图6-4-1 马氏贝外侧

图6-4-2 马氏贝内侧

图6-4-3 马氏贝内侧边缘方解石部位扫描电镜
（SEM）图

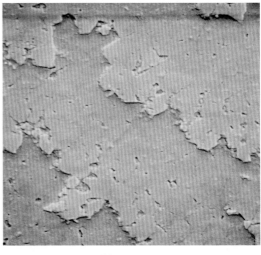

图6-4-4 马氏贝内侧珍珠层文石部位扫描电镜
（SEM）图

　　XRD实验也表明，马氏贝的主要物相为文石和方解石。另将马氏贝的主要物相之一文石与合成文石（ICDD Card No.41-1475）相比，各衍射峰的位置虽然一致，但峰的相对强度变化较大，其中文石标准数据的（111）晶面为最强峰，而马氏贝贝壳图谱中（012）晶面衍射峰表现为最强峰，另外，文石标准数据的（002）晶面衍射峰很弱，但实际峰强达中等强度。马氏贝贝壳珍珠层文石具有择优取向性，在沿珍珠层面上存在两种定向排列，即（002）和（012）。

　　马氏贝贝壳的XRD数据见图6-4-5和表6-4-2。

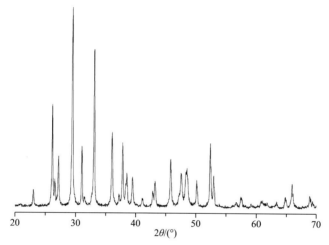

图6-4-5　马氏贝贝壳的XRD分析

表6-4-2　马氏贝贝壳的XRD衍射数据

方解石（JCPDS5-0586）		文石（JCPDS5-0453）		马氏贝贝壳	
d	I/I_0	d	I/I_0	d	I/I_0
3.852	29	4.212	2	3.864	3
3.03	100	3.396	100	3.406	49
2.834	2	3.273	52	3.283	24
2.495	7	2.871	4	3.038	27
2.284	18	2.730	9	2.879	41
2.094	27	2.700	46	2.738	7
1.926	4	2.481	33	2.709	100
1.907	17	2.409	14	2.491	35
1.872	34	2.372	38	2.413	6
1.625	2	2.341	31	2.378	34
1.604	15	2.328	6	2.345	12
1.582	2	2.188	11	2.335	17
1.524	3	2.106	23	2.284	4
1.506	2	1.977	65	2.195	6

方解石（JCPDS5-0586）		文石（JCPDS5-0453）		马氏贝贝壳	
d	I/I_0	d	I/I_0	d	I/I_0
1.440	5	1.882	32	2.109	10
1.416	3	1.877	25	2.095	5
1.336	3	1.814	23	1.981	28
1.177	3	1.759	4	1.914	6
1.153	3	1.742	25	1.882	18
1.141	3	1.728	15	1.817	14
1.047	20	1.698	3	1.746	42
1.044	2	1.557	4	1.728	19

注：表中加粗数据为文石的特征性强峰，□为方解石特征强峰。

（2）大珠母贝贝壳

大珠母贝具左、右两边很厚重的贝壳，个体可达30cm以上，壳重可超过5kg。大珠母贝是大型珍珠的主要育珠贝。大珠母贝见图6-4-6～图6-4-9。

图6-4-6　大珠母贝（金唇贝）外侧

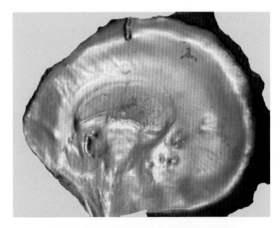

图6-4-7　大珠母贝（金唇贝）内侧

图6-4-8　抛光大珠母贝（金唇贝）外侧

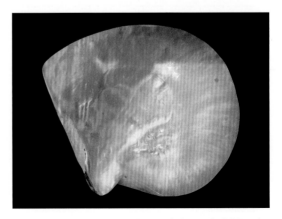

图6-4-9　抛光大珠母贝（金唇贝）内侧

　　大珠母贝主要分布于澳大利亚、缅甸、菲律宾、泰国、马来西亚和印度尼西亚等国沿海，在我国广东西南部、海南岛四周海域有少量栖息。

（3）黑蝶贝壳

　　黑蝶贝一般比大珠母贝个体略小，成年贝壳长一般约为13cm，壳厚一般为3cm，呈不规则状，贝壳表面具黑色或黑褐色，壳内侧具珍珠光泽，晕彩强。黑蝶贝见图6-4-10和图6-4-11。

　　主要栖息于南太平洋、夏威夷群岛和加勒比海等。

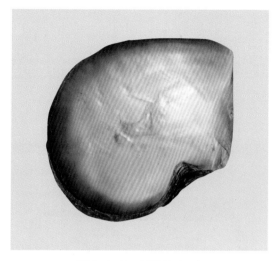

图6-4-10　黑蝶贝（一）

图6-4-11　黑蝶贝（二）

（4）企鹅贝壳

　　成年企鹅贝壳壳长可达21cm，厚可达4cm，属大型贝类。壳体呈长方形，壳面呈黑色。左右两片贝壳，隆起较显著。贝壳内面的珍珠层，色泽特别，周围古铜色，中间银白色，具强晕彩效应。企鹅贝见图6-4-12～图6-4-15。

　　企鹅贝主要分布于日本、泰国、印度尼西亚、菲律宾、澳大利亚、马来西亚、马达加斯加等地；我国广西北海涠洲岛、广东沿海和海南沿海深水海域也有栖息。

图6-4-12　抛光企鹅贝外侧

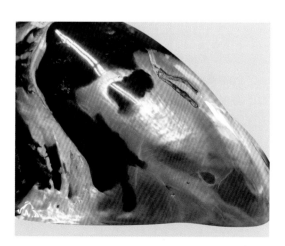

图6-4-13　抛光企鹅贝外侧局部

图6-4-14 抛光企鹅贝内侧

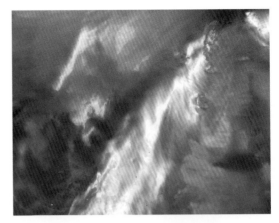

图6-4-15 企鹅贝内侧的晕彩效应

（5）三角帆蚌壳

三角帆蚌壳外形略呈不等边三边形，壳大、扁平且厚，壳内壁珍珠光泽强，色洁白。成年蚌壳长一般为12～15cm，厚为3cm左右。三角帆蚌见图6-4-16和图6-4-17。

图6-4-16 三角帆蚌外侧

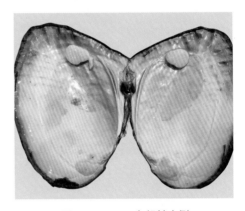

图6-4-17 三角帆蚌内侧

三角帆蚌广泛分布于我国长江中下游各省的湖泊江河中，国外主要在日本。

淡水蚌壳的内外侧碳酸钙的物相主要为文石，其XRD分析见图6-4-18和表6-4-3。

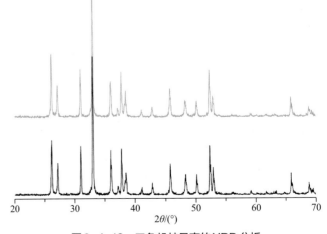

图6-4-18 三角帆蚌贝壳的XRD分析

表6-4-3 淡水养殖贝壳珍珠层的XRD衍射数据表

文石（JCPDS5-0453）		三角帆蚌（一）		三角帆蚌（二）	
d	I/I_0	d	I/I_0	d	I/I_0
4.212	2	**3.406**	37	**3.404**	62
3.396	**100**	**3.283**	22	**3.281**	30
3.273	**52**	2.879	33	3.05	3
2.871	4	2.730	6	2.879	27
2.730	9	**2.709**	100	2.733	8
2.700	**46**	2.491	28	**2.707**	100
2.481	33	2.415	7	2.489	32
2.409	14	**2.377**	35	2.413	9
2.372	**38**	2.343	10	**2.377**	37
2.341	31	2.334	16	2.345	17
2.328	6	2.192	5	2.335	17
2.188	11	2.109	8	2.193	7
2.106	23	**1.980**	23	2.107	13
1.977	**65**	1.882	15	**1.980**	38
1.882	32	1.817	15	1.883	21
1.877	25	1.746	40	1.816	17
1.814	23	1.729	21	1.745	38
1.759	4	1.633	2	1.728	19
1.742	25	1.561	3	1.699	3
1.728	15	1.539	2	1.639	2
1.698	3	1.501	2	1.560	4
1.557	4	1.468	2	1.500	4
1.535	2	1.438	16	1.477	2
		1.415	9	1.415	15
		1.361	5	1.361	10
				1.353	4

注：表中加粗数据为文石的特征性强峰。

（6）褶纹冠蚌壳

褶纹冠蚌壳厚度较三角帆蚌薄，外形膨胀，呈不等边三角形，前背缘冠突小而不明显，后部长而高，后背向上斜伸展而成大的冠状；左右两壳各具一后侧齿；壳最长可达19cm，见图6-4-19和图6-4-20。广泛分布于我国长江中下游各省的江河湖泊中。

图6-4-19 褶纹冠蚌壳（一）

图6-4-20 褶纹冠蚌壳（二）

（7）池蝶蚌壳

池蝶蚌具有个体大、双壳厚、外套膜结缔组织发达厚实等特点，见图6-4-21。成年蚌壳的壳长一般为10～13cm，其寿命超过10年。

池蝶蚌是日本特有品种，产于日本的琵琶湖。

（8）背瘤丽蚌壳

背瘤丽蚌贝壳甚厚，壳质坚硬，是制纽扣和珠核的极好材料。外形呈长椭圆形。前端圆窄，后端扁而长，腹缘呈弧状，背缘近直线状，后背缘弯曲稍突出成角形。壳顶略高于背缘之上，位于背缘最前端；贝壳外形变异很大，有的壳前部短圆，有的前部长。背瘤丽蚌壳见图6-4-22。

背瘤丽蚌广泛分布于我国长江中下游各省的江河湖泊中。

图6-4-21 池蝶蚌壳

图6-4-22 背瘤丽蚌壳

6.4.2 砗磲贝壳

砗磲（tridacna）是一种深海双壳贝类，一般体积巨大，有两扇巨大的贝壳。砗磲贝壳可作为宝石材料，是佛教的七宝之一，也是人们很喜爱的有机宝石之一。

砗磲贝壳的颜色一般为白色，壳内白而光润，外壳呈黄褐色，可有黄、白相间者，砗磲贝壳常磨成珠子或做成雕件在市场上销售，见图6-4-23～图6-4-30。

图6-4-23 砗磲（一）

图6-4-24 砗磲（二）

图6-4-25 砗磲的层状生长结构和虫孔

图6-4-26 砗磲的层状生长结构

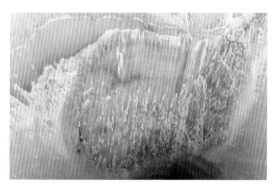

图6-4-27 砗磲的层状和放射状生长结构

图6-4-28 砗磲雕件

图6-4-29 砗磲圆珠（一）

图6-4-30 砗磲圆珠（二）

6.4.3 鲍鱼贝壳

　　鲍鱼的单壁壳质地坚硬，壳形右旋，表面呈深绿褐色。鲍鱼贝壳最外层褐黄色的为有机角质层，厚度不均，最厚处约为0.15mm；中层棱柱层呈不规则的似柱状排列，垂直于角质层分布；内层为珍珠层，垂直于棱柱层分布，结构细密，有强晕彩效应。鲍鱼贝壳见图6-4-31和图6-4-32。

　　鲍鱼广泛分布于除北美东岸和南美外的世界各海域中，以太平洋沿岸及其部分岛礁周围分布的种类与数量最多。

　　鲍鱼贝壳的介壳层具有疏水性，使鲍贝与外界环境隔离，接着在外套膜分泌的有机基底上成核并生长，最先以步阶的方式形成棱柱层，珍珠层在上皮细胞层和棱柱层之间生长，在生长过程中近似平行于上皮细胞排列的有机质分割了生长空间，随着时间的增加文石晶体逐渐长满了被分割规则的空间，文石周围均分布有有机质，使生长出来的文石层高度、厚度基本一致。晶体不断地生长，直到同一层的晶体都互相连接，布满整个层内，便停止生长。随后新的文石晶体层又开始沉积生长。如此往复循环，形成珍珠层的文石微层。

　　鲍鱼贝壳珍珠层由无机文石层和有机质层相间平行排列，当入射光进入珍珠层时，一部分光产生干涉作用，另一部分光产生多狭缝衍射作用，经衍射的多条光波又可发生干涉。干涉衍射相互作用形成鲍鱼贝壳的晕彩。鲍鱼贝壳的晕彩见图6-4-33和图6-4-34。

图6-4-31　鲍鱼贝壳外侧

图6-4-32　鲍鱼贝壳内侧

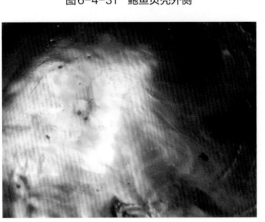

图6-4-33　鲍鱼贝壳的强晕彩（一）

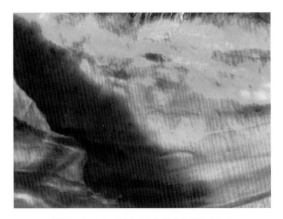

图6-4-34　鲍鱼贝壳的强晕彩（二）

6.4.4　大凤尾螺贝壳

　　大凤尾螺也称凤凰螺或皇后螺，壳厚实，轴唇滑层厚、外翻，螺层有大而圆的瘤。主要分布于加勒比海等海域。大凤尾螺贝壳见图6-4-35～图6-4-40。

图6-4-35　凤尾螺壳（一）

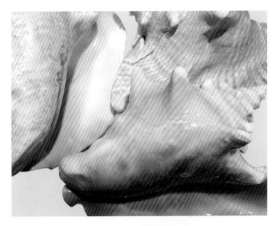

图6-4-36　凤尾螺壳（二）

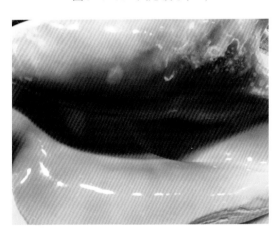

图6-4-37　凤尾螺壳局部

图6-4-38　凤尾螺壳珠子

图6-4-39　凤尾螺壳雕件（一）

图6-4-40　凤尾螺壳雕件（二）

6.5 鉴定

6.5.1 优化处理

贝壳最常见的优化处理是染色和拼合。

（1）染色

染色贝壳最重要的鉴定特征是出现异常的颜色，颜色在裂隙和孔洞处集中。染色贝壳见图6-5-1和图6-5-2。

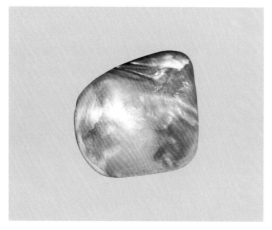

图6-5-1 染色珠母贝（一）

图6-5-2 染色珠母贝（二）

（2）拼合

拼合贝壳可在不同小片间看到缝隙，相邻贝壳小片在颜色、光泽、晕彩等方面有差异。拼合贝壳见图6-5-3～图6-5-6。

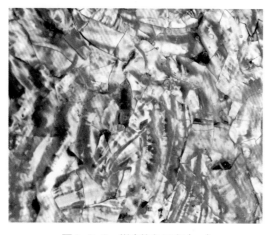

图6-5-3 拼合鲍鱼贝壳（一）

图6-5-4 拼合鲍鱼贝壳（二）

图6-5-5　拼合海水珠母贝壳

图6-5-6　拼合淡水珠母贝壳

6.5.2　仿制品

贝壳的仿制品一般较少，偶尔有用玻璃浮雕仿贝壳浮雕，极易鉴别。

白色砗磲的仿制品主要为大理岩等，在光泽、质地、层状结构等都与砗磲有较大差别，较容易鉴定。

另外，砗磲还有一种被称为"金丝砗磲"的黄白相间的仿制品。"金丝砗磲"一般呈黄色、白色或黄白相间，表面有螺旋纹，似太极图像，因此，被商家称为金丝砗磲。"金丝砗磲"最初出现在市场时，被称为"在喜马拉雅山发现的一种石化的砗磲化石，黄、白相间，极为稀少"。后经检测，"金丝砗磲"实际为染色"万宝螺"贝壳。

"金丝砗磲"可呈螺尾形状，常磨成圆珠形；颜色主要为白色与黄、褐、绿色相间，整体呈螺旋状层状结构，且表面颜色分布不均匀。点测折射率均为1.56，相对密度约为2.85。"金丝砗磲"的鉴定特征见表6-5-1、图6-5-7和图6-5-8。

表6-5-1　"金丝砗磲"的鉴定特征

贝壳品种	腹足纲类贝壳，而非双壳类
颜色	一般呈黄白相间，可伴有褐色，表面有螺旋纹，类似太极图像
结构	螺旋状层状构造，非砗磲贝壳的平行层状结构
显微观察	颜色沿裂隙分布
紫外荧光	黄色部分无荧光
紫外-可见光吸收光谱	具有430 nm处的宽吸收带

图6-5-7　"金丝砗磲"（一）

图6-5-8　"金丝砗磲"（二）

6.6 质量评价

贝壳的质量评价可以从颜色、光泽、厚度、大小及形状等方面进行，见表6-6-1。

表6-6-1 贝壳的质量评价

评价因素		质量评价内容
颜色	凤尾螺	以均匀、浓艳的粉色为佳
	砗磲	以纯白色，或带黄色的"金线"为上品
	珠母贝和鲍鱼贝壳	晕彩颜色越多、效应越强，越好
光泽		光泽越强越好
厚度		越厚越好，太薄不利于加工雕琢
个体大小与形状		形状完整、个体越大，越好
表面光洁度		无孔、棉等瑕疵，光滑如镜能照出物像者为佳品
加工工艺		造型新颖别致、款式设计优美、抛光等加工工艺优良者为佳

6.7 保养

贝壳，特别是珠母贝的成分、性质等都与珍珠类似，保养方法也同珍珠。

7

其他有机宝石

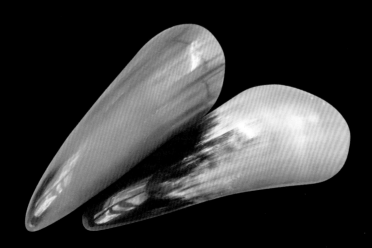

7.1 "鹤顶红"

用作宝石的"鹤顶红"指盔犀鸟（hemeted hornbill，或 *Rhinoplax vigil*）头胄，为盔犀鸟前额的盔状角质隆起。不同于一般的鸟类头骨为中空，无法雕刻，盔犀鸟头胄为实心，外红内黄，质地细腻，易于雕刻，可制成摆件、珠链、挂饰等各种工艺品。

7.1.1 应用历史与文化

盔犀鸟的头胄之所以被称为"鹤顶红"，并非因其真的为鹤顶，或因产地而得名。相传古时东南亚藩属国作为贡品进贡的头胄，无人知晓该鸟形态，便将其冠以"仙鹤"之名；此外，古代文官朝服之上多有"仙鹤"图案，这种"官居一品""指日高升"的寓意便自然赋予其中，且其色泽红艳，故称"鹤顶红"。

盔犀鸟在史料中初见于元，作为罗斛国贡品记载于《元史·世祖本纪》；而其头胄以"鹤顶"一词则始见于元代航海家汪大渊所著的《岛夷志略》。自明代郑和下西洋后"鹤顶"常作为南洋诸国的贡品流入中国，用于头骨摆件、鼻烟壶、品官腰带等工艺品的制作而广为国人所知。

盔犀鸟隶属佛法僧目（Coraciiforme）犀鸟科（Bucerotidae）盔犀鸟属；1988年起有学者建议将其归入犀鸟科中的角犀鸟属（*Buceros*），盔犀鸟故又名 *Buceros vigil*。

盔犀鸟是所有犀鸟科鸟类中体型最大的，体长110～120cm，雄鸟体重可达3.1kg，雌鸟体重2.6～2.8kg。盔犀鸟的头部、颈部、背部、翅上覆羽、胸部和上腹部羽毛呈深棕色，具金属光泽；翅膀的边缘及尾羽为白色，并有黑色宽条纹；下腹部为白色。

盔犀鸟通常成对或小群生活，如同多数犀鸟科鸟类一样，筑巢于树洞。主要栖息于海拔1500m以下的低山和山脚常绿阔叶林中，一般喜欢选择在密林深处的参天大树（如热带雨林茂密的树）上生活。主要以无花果等植物的果实和种子为食，也吃蜗牛、蠕虫、昆虫、鼠类和蛇等。栖息地主要为缅甸南部、泰国南部、马来半岛、印度尼西亚等地。20世纪50年代前，新加坡也有盔犀鸟，但已灭绝。

近代以来，由于遭受森林火灾的威胁，伴随地区农业、工业、林业的发展，其赖以栖居的森林植被日益缩减；因盔犀鸟头胄可用于工艺雕刻，羽毛可制成装饰物，成年鸟可作为宠物饲养，致使盔犀鸟遭受大范围捕杀，种群数量正快速减少。当前盔犀鸟极其濒危，在国际自然保护联盟红色名录中被列为近危物种，在《华盛顿公约》（也称《濒危野生动植物种国际贸易公约》，CITES）中列入附录Ⅰ名单，禁止其国际贸易。我国于1981年成为《华盛顿公约》成员国。依据相关法规，盔犀鸟在我国依照国家一级重点保护野生动物标准进行管理。

7.1.2 成因

盔犀鸟头胄像头盔，套在突出的喙上面。头盔凹凸变化，突与颅骨相关联，与其他犀鸟不同，头骨内部为实心，构成近10%的鸟的总重量。其头胄成分与鸟喙相同，都为黄色角质结缔组织。

盔犀鸟成年后由尾羽根部的尾脂腺分泌出尾脂，将头胄表面涂抹成鲜红色，但前额处常常保留部分黄色体色。

7.1.3 宝石学特征

盔犀鸟头胄（"鹤顶红"）的宝石学基本特征见表7-1-1、图7-1-1和图7-1-2。

表7-1-1 宝石学基本特征

主要成分		角蛋白，类胡萝卜素
结构		浅色部分具特色的"泡点状"结构； 微观为层状鳞片生长结构，黄色基体中普遍发育近平行条带生长结构，红色与黄色基体呈渐变过渡
光学特征	颜色	基底为白泛浅黄、金黄至浅褐黄色； 顶部到边缘连接部分有一层有色调变化的红色
	光泽	树脂至油脂光泽
	紫外荧光	紫外光下蓝白至垩白色
力学特征	摩氏硬度	2.5～3
	断口	不平坦断口，锯齿状、裂片状
	相对密度	1.29～1.3
特殊性质		热针测试（破坏性）：蛋白质烧焦味

图7-1-1 "鹤顶红"雕件（一）

图7-1-2 "鹤顶红"雕件（二）

7.1.4 光谱学特征

（1）红外光谱

盔犀鸟头胄（"鹤顶红"）的红外光谱表现为酰胺特征吸收谱带，表明盔犀鸟头胄表现出由肽键（—CONH—）振动所致的红外吸收光谱，即酰胺A、B、Ⅰ、Ⅱ、Ⅲ带等，揭示了蛋白质成分的存在。其谱峰与振动模式见表7-1-2。

表7-1-2　红外光谱特征

特征振动谱带/cm^{-1}	振动模式
1633	酰胺 I 中 ν（C＝O）伸缩振动
1542，1518	酰胺 II 中 δ（N—H）弯曲振动
1240	酰胺 III 中 ν（C—N）伸缩振动
3301	酰胺 A 带中 ν（N—H）伸缩振动
3082	酰胺 B 带中 ν（N—H）伸缩振动
530~800	酰胺 IV、V、VI 带中 δ（O＝C—N）、δ（N—H）、δ（C＝O）等基团弯曲振动
2960，2867	CH$_3$基团中 ν（C—H）反对称与对称伸缩振动
2926，2852	CH$_2$基团中 ν（C—H）反对称与对称伸缩振动

（2）拉曼光谱

盔犀鸟头胄（"鹤顶红"）的拉曼光谱同时显示蛋白质和类胡萝卜素的特征拉曼谱峰。1270cm^{-1}处的拉曼谱峰归属于酰胺 III 带 ν（C—N）伸缩振动所致，标志着蛋白质的存在。1517cm^{-1}和1157cm^{-1}处归属于类胡萝卜素，其谱峰强度在红色部分强于黄色部分。其谱峰与振动模式详见表7-1-3。

表7-1-3　拉曼光谱特征

特征振动谱带/cm^{-1}	振动模式
1517	ν（C＝C）伸缩振动
1153	ν（C—C）伸缩振动
1120	ν（C—N）伸缩振动
2931，2872	ν（N—H）伸缩振动

（3）紫外-可见光谱

盔犀鸟头胄（"鹤顶红"）黄色部分的紫外-可见光谱在蓝紫区呈三指峰吸收，即431nm、457nm、486nm处的特征吸收峰，蓝紫区的吸收使头胄基体呈现蓝紫色的补色，即鹅黄色调；盔犀鸟头胄红色部分因类胡萝卜素含量较高表现为580nm 以下区域完全吸收，故而导致吸收饱和。910nm处的弱吸收峰或由羟基倍频振动所致。

7.1.5　鉴定

（1）仿制品

仿制品主要为人造树脂，其黄色基体和红色部分的内部均可见气泡，见图7-1-3。

图7-1-3 树脂仿"鹤顶红"

（2）拼合

拼合"鹤顶红"工艺品常见的为黄色的盔犀鸟头胄与红色的人造树脂拼合。

鉴定特征为：放大可见黄色与红色部分结合处具有清晰边界并可见拼合缝隙；红色部分可见气泡。

7.2 犀牛角

犀牛角（rhinoceros horn）为犀科动物的角。

7.2.1 应用历史与文化

犀牛角又分非洲犀牛角（又称广角）和亚洲犀牛角（又称暹罗角）。广角为非洲黑犀和白犀的角。黑犀又称非洲双角犀，产于非洲东南部各国；白犀产于乌干达。暹罗角为印度犀、爪哇犀和苏门犀的角，又名犀角，进口时曾称蛇角。

犀牛和犀牛角见图7-2-1～图7-2-10。

图7-2-1 犀牛（一）

图7-2-2 犀牛（二）

图7-2-3　犀牛（三）

图7-2-4　犀牛（四）

图7-2-5　犀牛（五）

图7-2-6　犀牛角（一）

图7-2-7　犀牛角（二）

图7-2-8　犀牛角（三）

图7-2-9　犀牛角根部

图7-2-10　犀牛角中段

犀牛角在中国已有数千年应用历史，主要作为中药和制成工艺品，如犀角杯等。中国古代宫廷的犀牛角制品见图7-2-11～图7-2-18。

由于利益驱使被大肆捕杀，犀牛现被列入《华盛顿公约》附录Ⅰ和Ⅱ中。犀科中除白犀被列入CITES附录Ⅱ之外，其余种全部列入CITES附录Ⅰ中。中国作为《华盛顿公约》签字国，从1993年起，国家禁止犀牛角（包括其任何可辨认部分和含其成分的药品、工艺品等）贸易。

图7-2-11　中国古代宫廷中的犀牛角制品（一）

图7-2-12　中国古代宫廷中的犀牛角制品（二）

图7-2-13　中国古代宫廷中的犀牛角制品（三）

图7-2-14　中国古代宫廷中的犀牛角制品（四）

图7-2-15　中国古代宫廷中的犀牛角制品（五）

图7-2-16　中国古代宫廷中的犀牛角制品（六）

图7-2-17　中国古代宫廷中的犀牛角制品（七）

图7-2-18　中国古代宫廷中的犀牛角制品（八）

7.2.2　成因

犀牛角主要由动物蛋白纤维角质素组成，内部为实心。

7.2.3　宝石学特征

犀牛角的宝石学特征，见表7-2-1、图7-2-19～图7-2-30。

表7-2-1　犀牛角的宝石学特征

主要成分	角蛋白（keratin）、胆固醇等
结构	"前实后空"：指向角尖去的部位为实心，指向鼻子或脑门的部位是空心； "同心环状"：横截面呈年轮状
颜色	黄色、褐色至褐红色、黑色等
光泽	树脂至油脂光泽
透明度	半透明至不透明
鉴定特征	纵面有平行的线状包体，互不粘连，定向弯曲呈椭圆扁锥形，也称"竹丝纹"；横截面可见丝状包体，为点状密集分布，类似芝麻点或鱼子

图7-2-19　犀牛角纵面的纵纹

图7-2-20　犀牛角的横截面

图7-2-21　犀牛角制品的"竹丝纹"（一）

图7-2-22　犀牛角制品的"竹丝纹"（二）

图7-2-23　犀牛角制品的"竹丝纹"（三）

图7-2-24　犀牛角制品的"竹丝纹"（四）

图7-2-25　犀牛角手镯

图7-2-26　犀牛角手镯外侧可见"竹丝纹"

图7-2-27　犀牛角手镯可见"竹丝纹"和
"鱼子"（反射光）

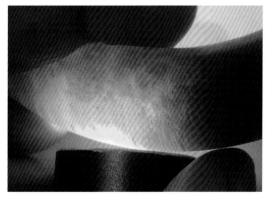

图7-2-28　犀牛角手镯外侧可见"竹丝纹"和
"鱼子"（透射光）

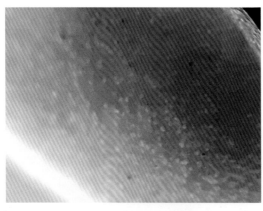

图7-2-29　犀牛角手镯表面的"鱼子"（20×）（一）

图7-2-30　犀牛角手镯表面的"鱼子"（20×）（二）

7.2.4　光谱学特征

犀牛角化学成分主要有氨基酸、胆固醇、牛磺酸、氨基己糖和磷脂等，其红外光谱谱峰与振动模式见表7-2-2。

表7-2-2　犀牛角的红外光谱特征

特征振动谱带/cm^{-1}	振动模式
1450	氨基酸中C—H弯曲振动
1540	氨基酸中ν（C—N）伸缩振动和ν（N—H）面内弯曲振动
1650	氨基酸中ν（C=O）伸缩振动
2850	氨基酸中ν（C—H）对称伸缩振动
2920	氨基酸中ν（C—H）不对称伸缩振动
3050	氨基酸中ν（N—H）伸缩振动
1040	胆固醇中ν（C—O）伸缩振动
1380	ν（O—H）弯曲振动
3270	ν（O—H）伸缩振动
881	牛磺酸中ν（S—O）伸缩振动
1116	牛磺酸中ν（S=O）伸缩振动
3050	牛磺酸中ν（N—H）伸缩振动
1733	氨基己糖中ν（C=O）伸缩振动
3050	氨基己糖中ν（N—H）伸缩振动
1040	磷脂ν（P—O）伸缩振动
1240	磷脂ν（P=O）伸缩振动
1733	磷脂ν（C=O）伸缩振动
2300、2355	磷脂ν（P—H）伸缩振动

7.2.5 仿制品

犀牛角最常见的仿制品和替代品是水牛角等普通牛角。水牛角等普通牛角与犀牛角最重要的区别是：牛角为空心，而非实心，且部分面扁，弯曲弧度大。水牛和牛角见图7-2-31～图7-2-38。

图7-2-31　非洲水牛（一）

图7-2-32　非洲水牛（二）

图7-2-33　水牛

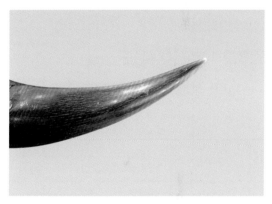

图7-2-34　牛角（一）

图7-2-35　牛角（二）

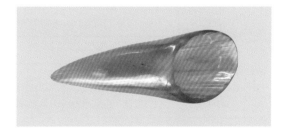

图7-2-36　牛角的横截面（一）

图7-2-37　牛角的横截面（二）

图7-2-38　牛角手镯

7.3 龟甲（玳瑁）

玳瑁龟甲，简称玳瑁，英文名称为tortoise shell，来源于同名的海龟"玳瑁"的背甲龟壳。用于宝石的龟甲是玳瑁龟的上部背壳。玳瑁龟主要栖息在热带和亚热带水深为15～18m的浅潟湖内，主要产于印度洋、太平洋和加勒比海等区域。

7.3.1 应用历史与文化

由于龟甲（玳瑁）具有美丽的斑纹且韧性好，早在罗马时代就已广泛用作装饰，成为一种重要的有机宝石。直到20世纪70年代国际开始禁止玳瑁交易之前，玳瑁曾广泛地在东西方各国使用。

我国早在汉乐府诗中就有"足下蹑丝履，头上玳瑁光"的描述。在繁钦《定情诗》中也有"耳后玳瑁钗"的诗句。此外，诗词中也常以"玳瑁筵"或"玳筵"来描述筵席的精美与豪华。

目前玳瑁是濒危物种，是《华盛顿公约》（CITES）中一级保护动物，是我国国家二级重点保护野生动物。

7.3.2 宝石学特征

龟甲（玳瑁）的基本特征见表7-3-1、图7-3-1～图7-3-6。

表7-3-1 龟甲（玳瑁）的基本特征

化学成分		全部由有机质组成，包括蛋白质和角蛋白； 主要成分为C（55%）、O（20%）、N（16%）、H（6%）和S（2%）等
结晶状态		非晶质体
结构		典型的层状结构
光学特征	颜色	典型的黄色和棕色斑纹，有时见黑色或白色
	光泽	油脂至蜡状光泽
	折射率	1.550（±0.010）
	紫外荧光	长、短波下无色、黄色部分呈蓝白色荧光
力学特征	摩氏硬度	2～3
	韧度	好
	断口	不平坦至裂片状断口
	相对密度	1.29
特殊性质		可溶于硝酸，但不与盐酸反应； 热针能使龟甲熔化，发出头发烧焦味，在沸水中龟甲会变软，受高温颜色会变暗
显微观察		可见球状颗粒组成斑纹结构，即色斑由微小的圆形色素小点组成

图7-3-1　玳瑁龟

图7-3-2　玳瑁龟甲（一）

图7-3-3　玳瑁龟甲（二）

图7-3-4　玳瑁龟甲（三）

图7-3-5　玳瑁龟甲制品（一）

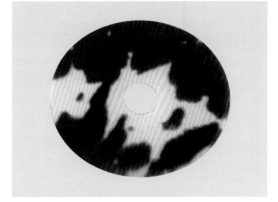

图7-3-6　玳瑁龟甲制品（二）

7.3.3　仿制品和拼合

（1）仿制品

　　龟甲最常见的仿制品为塑料。龟甲的折射率为1.550，密度为1.29g/cm³；塑料的折射率一般在1.46～1.70，密度一般为1.05～1.55g/cm³。两者区别在显微结构等，测折射率、热针探测和与酸反应，都有可能直接对待测样品造成损伤，必须慎重使用。龟甲（玳瑁）与塑料的区别见表7-3-2。

鉴定特征	龟甲（玳瑁）	塑料
相对密度	1.29	1.05～1.55
折射率	1.550	1.46～1.70
显微结构	大量微小的褐色球形微粒，颜色越深，色点越密集	内部显示气泡、流动线； 外观具有橘皮效应、浑圆状刻面棱线等
热针探测	蛋白质烧焦的气味	辛辣味
与酸反应	被硝酸侵蚀	不与酸反应

（2）拼合

将一片薄的龟甲胶合在塑料底座上，制作成二层拼合石；或将两片薄的龟甲分别粘在相近颜色的塑料上，形成三层拼合石。

对于拼合龟甲二层石和三层石鉴定，主要从腰部观察拼合的痕迹。

7.3.4 质量评价

龟甲（玳瑁）的质量可从颜色、透明度、龟板的大小和厚度及加工工艺等方面进行评价，见表7-3-3。

表7-3-3 龟甲（玳瑁）的质量评价

评价因素	质量评价内容
颜色	色斑的色调、形态、分布颜色越美丽、越奇特，价值越高
透明度	透明度越高、颜色和斑纹越突出，质量越好
大小和厚度	玳瑁龟的龟龄越长、龟甲越大、龟板厚度越厚，质量越好
加工工艺	造型设计、加工款式和粘接抛光工艺的好坏，直接影响到龟甲的质量

7.4 彩斑菊石

彩斑菊石（ammolite，iridescent ammonite）是一种具有晕彩效应的菊石（ammonite）化石。

7.4.1 应用历史与文化

由于菊石螺旋状似羊角，如同古埃及安曼神（Ammon）头上的羊角，所以又被称为神羊石，而其英文名称ammonite，正是源于此处。

公元前16世纪的埃及尼罗河畔的底庇斯城，有一位称作Jupiter Ammon的帝王统治着北非地区的埃及、埃塞俄比亚和利比亚，并曾一度入侵耶路撒冷。后人为其建立了Ammon神庙，他的头上有一对像山羊角一般的犄角。欧洲地区中生代菊石化石十分丰富，其中有不少类型与羊角十分相像。古希腊人认为菊石形状奇特的石头是由Ammon神头上那对犄角变成的，于是用Ammon神来命名这类石头，英文译作ammonite。

1981年，国际珠宝联盟（the World Jewellery Confederation，CIBJO）正式将彩斑菊石列为宝石品种。

7.4.2 成因

菊石是软体动物门（Mollusca）头足纲的一个亚纲。菊石是已绝灭的海生无脊椎动物，生存于中奥陶世至晚白垩世。它最早出现在距今约4亿年古生代泥盆纪初期，繁盛于距今约2.25亿年，广泛分布于世界各地中生代的三叠纪海洋中，在距今约6500万年白垩纪末期与恐龙同期绝迹。

菊石通常分为9目约80个超科，约280个科和约2000个属，以及许多种和亚种等。菊石与鹦鹉螺的形状相似，运动的器官在头部，体外有一个硬壳。菊石类壳体的大小差别很大，一般的壳只有几厘米或者几十厘米，大的可达到2m。菊石化石见图7-4-1～图7-4-4。

具有晕彩效应的彩斑菊石的晕彩主要由文石薄层对光的反射、干涉等作用而形成。宝石级彩斑菊石主要出产在加拿大的页岩中，且常伴有菱铁矿结核。一般认为在菊石死亡后，被最终转化为页岩的膨润土泥掩埋，壳体得到完好的保存；加之菱铁矿等沉积物，使文石相得以较好保存，阻止了碳酸钙由文石向方解石的转化。

图7-4-1 菊石化石

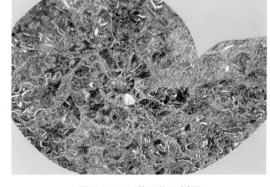

图7-4-2 菊石化石剖面

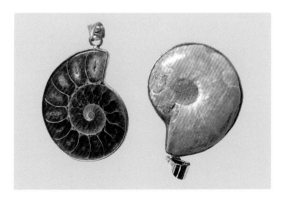

图7-4-3 菊石化石外侧与剖面（一）

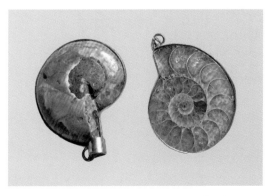

图7-4-4 菊石化石外侧与剖面（二）

7.4.3 宝石学特征

彩斑菊石的美丽及其最重要的鉴定特征就是晕彩效应，其宝石学特征见表7-4-1、图7-4-5～图7-4-12。

表7-4-1 彩斑菊石的宝石学特征

主要组成矿物		文石、方解石、石英类、黄铁矿等
化学成分		无机成分：主要为$CaCO_3$； 有机质； 微量元素：Al、Ba、Cr、Cu、Mg、Mn、Sr、Fe、Ti、V等
结晶状态		隐晶质非均质集合体
结构		典型的层状结构
光学特征	颜色	黄色、褐色至褐红色、黑色等
	特殊光学效应	晕彩：主要为红色和绿色，可出现各种颜色
	光泽	油脂光泽至玻璃光泽
	折射率	1.52～1.68
	紫外荧光	一般无
力学特征	摩氏硬度	3.5～4.5
	韧度	高，为方解石（$CaCO_3$）的3000倍
	相对密度	2.60～2.85，常为2.70
特殊性质		遇酸起泡

图7-4-5 彩斑菊石原石（一）

图7-4-6 彩斑菊石原石（二）

图7-4-7 彩斑菊石原石（三）

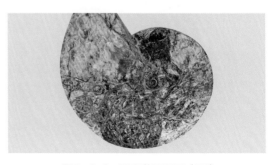

图7-4-8 彩斑菊石原石（四）

图7-4-9　彩斑菊石原石（五）

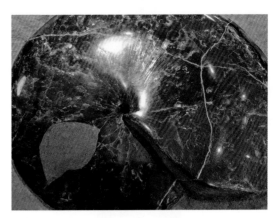

图7-4-10　彩斑菊石原石（六）

图7-4-11　彩斑菊石制品（一）

图7-4-12　彩斑菊石制品（二）

7.4.4　光谱学特征

彩斑菊石的红外光谱主要为文石和有机质等，其谱峰与振动模式见表7-4-2。

表7-4-2　彩斑菊石的红外光谱特征

特征振动谱带/cm^{-1}	振动模式
2800~3000	有机质中ν（C—H）伸缩振动
3000~3300	ν（O—H）振动和ν（N—H）振动
2518~2650	氨基酸中CH_2等基团振动
1472	$[CO_3]^{2-}$中ν_3振动
1083	$[CO_3]^{2-}$中ν_1振动
863	$[CO_3]^{2-}$中ν_2振动
712	$[CO_3]^{2-}$中ν_4振动

7.4.5　优化处理和拼合

彩斑菊石由于多裂隙，常表面覆膜或拼合，见图7-4-13～图7-4-15。

图7-4-13 覆膜彩斑菊石

图7-4-14 拼合彩斑菊石

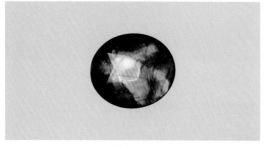

（a）正面

（b）侧面

图7-4-15 拼合彩斑菊石（三层石）

7.4.6 质量评价

彩斑菊石可从晕彩颜色、裂隙、块体等方面进行评价，见表7-4-3和图7-4-16～图7-4-19。

表7-4-3 彩斑菊石的质量评价

评价因素	质量评价内容
晕彩效应	晕彩效应强、晕彩颜色丰富艳丽为佳
裂隙	裂隙越少越好，单个小块体以无裂为佳
块度	要求有一定块度；一般而言，块度越大越好
完整性	对于原石矿标而言，以菊石完整为佳

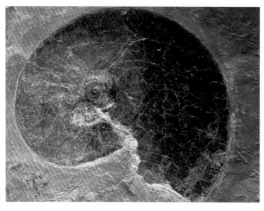

图7-4-16 晕彩较弱的彩斑菊石原石

图7-4-17 中等晕彩的彩斑菊石原石

图7-4-18　强晕彩的彩斑菊石

图7-4-19　强晕彩的不规则彩斑菊石原石

7.4.7　产地

彩斑菊石最出名产地是加拿大，其次是马达加斯加。马达加斯加的菊石化石常保留有完好的外形，但晕彩效应没加拿大的强。马达加斯加彩斑菊石见图7-4-20和图7-4-21。

图7-4-20　马达加斯加彩斑菊石（一）

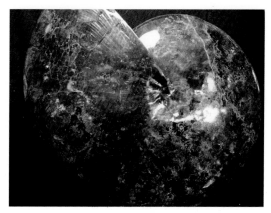

图7-4-21　马达加斯加彩斑菊石（二）

7.5　煤精

煤精是煤的一个特殊品种，为有机质集合体。煤精的材料名称为褐煤，是由树木埋置于地下转变而来的。煤精主要产于煤系地层中，它同普通煤一样可以燃烧。

7.5.1　应用历史与文化

煤精的英文名称为jet，来源于拉丁语*Gagates*，经古法语jaiet演变而来。

人类对煤精的认识和利用已有悠久的历史，在古罗马煤精是最流行的"黑宝石"，特别是维多利亚时代，煤精被广泛用作丧葬纪念品以悼念死者。

我国古代，多数地方称煤精为煤玉、炭精、炭根，以及"乌玉""里石""煤根石""里精石"等。我国沈阳市新乐文化遗址出土的新石器时代的煤精耳铛等工艺品，距今已有6800～7200年的历史。

7.5.2 宝石学特征

煤精的主要组分为非晶态的树脂体和腐殖质。腐殖质主要由凝胶体和少量的结构木质体及微量的无机碎屑物质组成。

煤精的宝石学基本特征见表7-5-1、图7-5-1和图7-5-2。

表7-5-1 煤精的宝石学基本特征

化学成分		C为主，含有一些H、O
结晶状态		非晶质体，常呈集合体
结构		常呈致密块状
光学特征	颜色	黑色和褐黑色；条痕为褐色
	光泽	抛光面呈树脂光泽至玻璃光泽
	折射率	1.66
	紫外荧光	一般无
力学特征	摩氏硬度	2～4
	解理	无，具有贝壳状断口
	韧性	较脆，刀切会产生缺口和粉末
	相对密度	1.32
显微观察		条纹构造，可呈似层状、不规则条带或细脉状、透镜状等，且可有腐殖质充填其中；还可有少量围岩碎屑矿物
电学性质		用力摩擦可带电
热学性质		煤精可燃烧，烧后有煤烟味； 用热针尖接触，可发出燃烧煤炭的气味； 加热到100～200℃时质地变软，并可弯曲
酸溶性		酸可使其表面发暗

图7-5-1 煤精（一）

图7-5-2 煤精（二）

7.5.3 相似品

与煤精外观最相似的是黑珊瑚。黑珊瑚原料呈树枝状，横切面具同心圆状生长结构，表面可有丘疹状突起。成品钻孔处可见颜色非纯黑色，常呈棕褐色以及长纤维状结构。煤精成品的钻孔处常可见贝壳状断口。此外，热针检验可嗅到烧焦的毛发味，煤精用热针探测时发出煤烟味，这些足以与煤精区别。

无烟煤和褐煤的外观与煤精也很相似。无烟煤和褐煤的原石可呈同心放射环状、鲕状结构及不规则环带结构；质地不大致密，微裂隙较发育，密度较低；硬度低、性脆，且易污手。

7.5.4 质量评价

煤精质量可从颜色、光泽、质地、瑕疵、块体等五个方面进行评价，见表7-5-2。

表7-5-2 煤精的质量评价

评价因素	质量评价内容
颜色	以纯黑色者为佳品；如呈褐色，则质量较差
光泽	以明亮的树脂光泽或玻璃光泽为好，光泽弱者为次
结构	结构越致密、质地越细腻，质量越好
瑕疵	以无裂纹、无杂斑和无杂质矿物为佳
块度	要求有一定块度；一般而言，块度越大越好

7.5.5 产地

煤精主要产于煤系地层中。世界上优质的煤精主要产于英国北部约克郡。其他产地还有美国、西班牙、德国、法国和加拿大等国家和地区。

中国煤精的主要产地为辽宁抚顺，产于第三纪煤系中，其次在陕西、山西、山东等地的煤矿中也有煤精产出。

7.6 硅化木

硅化木（petrified wood），又称木化石，是远古树木的遗骸经过长期的化学元素替换过程（特指硅化过程）而形成的化石。生物以木质树的植物形式在地球上出现已久，遍及世界各角落，在世界六大陆都能发现。其中以松柏木的硅化木为多。

7.6.1 成因

硅化木在全球分布广泛，从石炭纪至第四纪均有产出。

硅化木形成的物质条件和过程主要有：

① 适宜植物生长的古气候和丰富的树木资源。

② 快速埋藏和缺氧条件。构造变动和火山活动、洪泛沉积事件可以使大量的树木迅速埋藏，从而造成缺氧条件和无菌的还原环境。这种环境有利于树木体的完整保存。

③ 高浓度的可溶性 SiO_2 溶液。SiO_2 溶液一般呈不易离解的正硅酸（H_4SiO_2）形式存在，在溶液中的可溶性极低。只有在温度、压力和pH值适宜的环境中，SiO_2 才会大量溶解于溶液中。

高浓度的SiO_2可溶性溶液由深部向浅部运移，与埋藏于地下的树木或树木林进行交代替换，硅质以凝胶状迅速占据原有木质纤维的位置，经过漫长的地质成岩作用后形成硅化木。

后期的强烈重结晶作用和溶液的多次交代、不同色素离子的存在，最终形成单色或多彩的各种类型、不同结构的硅化木。

硅化木的形成是一个完整的系统的过程。其形成过程大致为：从火山堆积物中过滤出的硅质酸性物质渗入树干中，对其中的结构甚至十分细小的结构起到固化和保护的作用。在随后的时间里，矿物丰富的流体渗入到其余的组织器官中，从而形成了硅化木。

二氧化硅一般经历无序的蛋白石、结构上较有序的蛋白石和石英这三个阶段。这期间转化速率很慢，并且取决于温度、pH以及杂质。

④ 适宜的地质运动。硅化过程中无导致树木在构造变动、搬运过程中被破坏的剧烈地质运动发生，使得树木在成岩的全过程内硅化作用可正常进行。

硅化完成后，地质运动使硅化木隆升至地表或近地表暴露。

7.6.2　宝石学特征

硅化木的宝石学特征，见表7-6-1、图7-6-1～图7-6-10。

表7-6-1　硅化木的宝石学基本特征

主要组成矿物		石英类
化学成分		SiO_2、H_2O和碳氢化合物
结晶状态		隐晶质集合体至非晶质体
结构		常呈纤维状集合体
光学特征	颜色	典型的黄色和棕色斑纹，或黑色、白色、灰色和红色等
	光泽	抛光面具玻璃光泽
	折射率	1.54或1.53（点测法）
	紫外荧光	一般无
力学特征	摩氏硬度	7
	相对密度	2.50～2.91
显微观察		木质纤维状结构，木纹

硅化木是由至少两种不同成分的无机物质组成的。硅化木中植物原生细胞结构均得以保存。在某些位置，尤其是细胞壁中能够发现这些保留下来的原生生物组织材料。复杂的无机结构是叠加在残留的有机网络之上的。偏光显微镜下硅化木薄片的显微结构见图7-6-11～图7-6-14；不同方向断面的扫描电镜（SEM）下的显微结构见图7-6-15和图7-6-16。

图7-6-1 硅化木的横截面和纵面

图7-6-2 硅化木的横截面

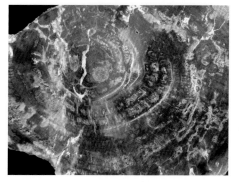

图7-6-3 硅化木的颜色和结构（一）

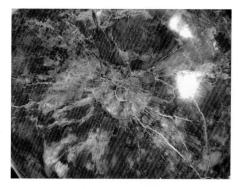

图7-6-4 硅化木的颜色和结构（二）

图7-6-5 硅化木的颜色和结构（三）

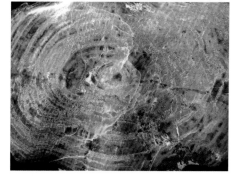

图7-6-6 硅化木的颜色和结构（四）

图7-6-7 硅化木的颜色和结构（五）

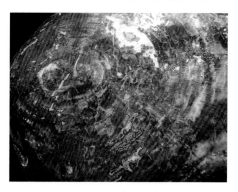

图7-6-8 硅化木的颜色和结构（六）

图7-6-9　硅化木的颜色和结构（七）

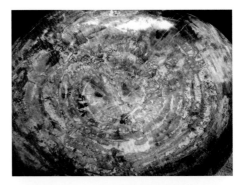

图7-6-10　硅化木的颜色和结构（八）

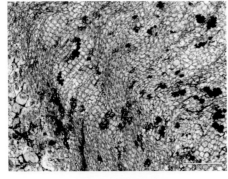

图7-6-11　硅化木中的植物管胞（5×）

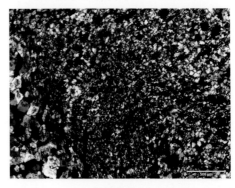

图7-6-12　硅化木植物管胞中石英颗粒（5×）

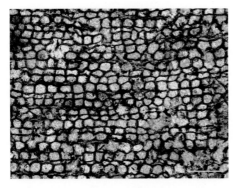

图7-6-13　硅化木中的植物管胞（10×）

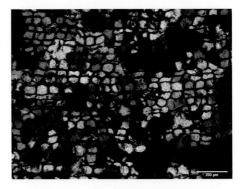

图7-6-14　硅化木平直管胞中石英颗粒（10×）

图7-6-15　硅化木不同方向断面的显微结构
（SEM）（一）

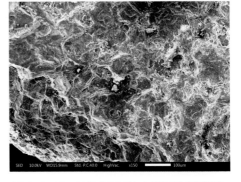

图7-6-16　硅化木不同方向断面的显微结构
（SEM）（二）

7.6.3 光谱学特征

（1）XRD

硅化木（北京延庆）的矿物成分为α-SiO₂（石英），XRD分析见图7-6-17。

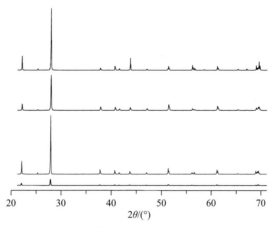

图7-6-17　硅化木（北京延庆）的XRD分析

（2）红外光谱

彩斑菊石的红外光谱主要为文石和有机质等，其谱峰与振动模式见图7-6-18和表7-6-2。

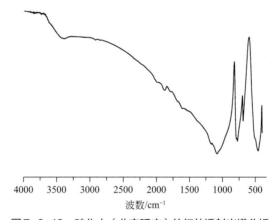

图7-6-18　硅化木（北京延庆）的红外透射光谱分析

表7-6-2　硅化木的红外光谱特征

特征振动谱带/cm⁻¹	振动模式
3400、1616	ν（H—O—H）振动
2927、2850	有机质
1089、1093	ν（O—Si—O）非对称伸缩振动
798、777	ν（O—Si—O）对称伸缩振动
515、460	ν（O—Si—O）弯曲振动

（3）拉曼光谱

硅化木的拉曼谱峰与振动模式见图7-6-19和表7-6-3。

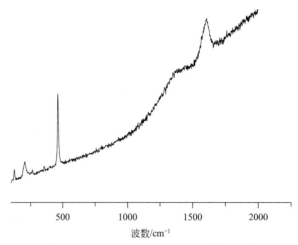

波数/cm⁻¹

图7-6-19 硅化木（北京延庆）的拉曼光谱

表7-6-3 硅化木的拉曼光谱特征

特征振动谱带/cm⁻¹	振动模式
1605	v（C=C）振动
1360	非晶质C不规则六边形晶格结构的振动模式
464、356	v（Si—O）弯曲振动
209、263	硅氧四面体的旋转振动或平移振动

7.6.4 分类

可按照硅化木的原料质地不同将硅化木分为水料硅化木、干料硅化木、脆料硅化木、水冲料硅化木四类。

可按树种不同将硅化木进行分类。但这种分类涉及乔木、灌木等大类，命名时如柏硅化木、松硅化木等，它们的种类极多，可达千种以上。所以一般不采用此分类方法。

宝石学常用的分类方法是依照木质成分及二氧化硅存在的状态，一般可分为普通硅化木、玉髓硅化木、蛋白石硅化木以及钙质硅化木等，见表7-6-4。

表7-6-4 硅化木常见的分类

品种	成分	特征
普通硅化木	隐晶质石英为主	颜色与树木原来的颜色有关；木质的内部结构清晰
玉髓硅化木	玉髓为主	质地致密细腻； 氧化铁质浸染依附于年轮展布，外观酷似玛瑙
蛋白石硅化木	蛋白石为主	质地致密，内部木质结构明显； 颜色一般较浅，可呈灰、灰白、浅土黄色等
钙质硅化木	以隐晶质石英为主，伴有少量方解石、白云石等	硬度相对较低； 颜色可呈灰白色等

7.6.5　质量评价

硅化木的质量评价，主要根据颜色、硅化程度、结构、光泽、形状大小等主要因素来进行。其次，作为一种重要的观赏石，还应该结合观赏石评价中的形态、完整性等因素，综合做出评价。此外，如有可能，还可与地质科学研究价值等有机结合。见表7-6-5。

表7-6-5　硅化木的质量评价

评价因素	质量评价内容
颜色	颜色五彩缤纷，以颜色鲜艳、绚丽多彩、光泽柔和亮丽者为佳；颜色灰暗单一、光泽灰暗者为下品
质地	质地致密、硅化强、颗粒均匀、玉感明显者质量高；一般而言，玉髓硅化木优于其他硅化木
造型	完整、自然、木纹清晰、树枝感明显、断面能展示年轮者为佳
块体	要求有一定块度；一般而言，块度越大越好
科学性	在部分情况下，会影响价值；地质科研价值越高越好

7.6.6　产地

我国很多省份都有产出，新疆奇台等曾出产优质、体型巨大的硅化木，北京延庆有大型的硅化木公园。

世界其他地方也有产出，缅甸、美国等地尤为著名。

7.7　珊瑚玉

珊瑚玉（jade coral）也称珊瑚化石、菊花玉，指硅化的珊瑚化石，即古老的珊瑚遗骸，由于地质作用，经交代充填硅化而形成。珊瑚本身的形貌和纹理大都被完整地保留下来。有些受替代作用呈玉髓化现象。

用作宝石的珊瑚化石的主要成分为SiO_2，出产地为印度尼西亚、中国台湾等。

7.7.1　成因

珊瑚玉的形成主要有以下两个阶段：
① 地壳的运动使海底珊瑚抬升到海平面以上。
② 火山爆发产生高温、高压，瞬间可以包裹起珊瑚，完成珊瑚硅化的置换过程。

7.7.2　宝石学特征

珊瑚玉的宝石学特征见表7-7-1、图7-7-1～图7-7-4。

表7-7-1　珊瑚玉的宝石学基本特征

主要组成矿物		石英类
化学成分		SiO_2、H_2O和碳氢化合物
结晶状态		隐晶质集合体至非晶质体
花纹类型		雪花纹、星点、卷纹、粗纹、细纹、虫体、虎皮、管状和单体珊瑚等
光学特征	颜色	浅至中深的褐黄色、红色、灰色和白色等
	光泽	抛光面具玻璃光泽
	折射率	1.54或1.53（点测法）
	紫外荧光	一般无
力学特征	摩氏硬度	7
	相对密度	2.50～2.91
显微观察		珊瑚的同心放射状结构；孔洞等

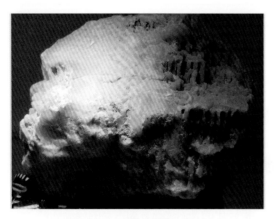

图7-7-1　珊瑚玉原石（一）

图7-7-2　珊瑚玉原石（二）

图7-7-3　珊瑚玉挂坠（一）

图7-7-4　珊瑚玉挂坠（二）

7.7.3 质量评价

珊瑚玉的质量评价因素主要包括颜色、透明度、质地细腻程度、瑕疵多少、花纹图案、块体和科学价值等，见表7-7-2。

表7-7-2 珊瑚玉的质量评价

评价因素	质量评价内容
颜色	颜色五彩缤纷，以颜色鲜艳、绚丽多彩、光泽柔和亮丽者为佳；颜色灰暗单一、光泽灰暗者为下品
透明度	越透明越好
质地	质地致密、硅化强、颗粒均匀、玉感明显者质量高
瑕疵	孔洞等瑕疵越少越好
花纹图案	珊瑚图案越完整、花纹造型越具美感，价值越高
块体	要求有一定块度；一般而言，块度越大越好
科学性	珊瑚种类越稀少、科研价值越高，质量越高

参考文献

[1] Muller A. Cultured South Sea Pearls. Gems & Gemology, 1999, 36 (3) : 77-79.

[2] Boris Dillenburger Kasumigaura Pearl. Australian Gemmologist, 2004，22:156-161.

[3] Britton G. The Biochemistry of nature pigments. Cambridge: Cambridge University Press, 1983.

[4] Brownell W N, Stevely J M. The biology, fisheries and management of the Queen conch, Stromhs Gigas. Marine Fisheries Review, 1981,43 (7) :1-12.

[5] Compere E L, Bates J M. Determination of calcite: aragonite ratio in mollusk shells by infrared spectra. Limnology and Oceanography, 1973, 18: 326-331.

[6] Comfort A. Acid-soluble pigments of shells. Ⅰ. The distribution of porphyrin fluorescence in molluscan shells. Biochemical Journal, 1949, 44:111-117.

[7] Cheryl Y W. Cultured Abalone Blister Pearls from New Zealand. Gems & Gemmology 1998, 35 (1) :184-200.

[8] Mclaurin D, Arizmendi E, Farell S. Pearls and Pearl Oysters from the Gulf of California, Mexico. Australian Gemmologist, 1997, 19:497-501.

[9] Gubelin E J. An attempt to explain the instigation of the formation of the natural pearl. The Journal of Gemmology, 1995,24 (8) :539-545.

[10] Fritsch E, Misiorowski E B. The History and Gemmilogy of Queen Conch "Pearl". Gems & Gemology Winter, 1987, 23 (4) :208-221.

[11] Frank J R, Capenter A B, Oglesby T W. Cathodoluminesence and composition of cacite cement in the Taum Sauk limestone (Upper Cambrain) , Southearst Missouri. J Sediment Petrol, 1982, 52:631-638.

[12] Ford Ward. Pearls. Bethesda: Gem Book Publishers, 1998.

[13] Fritz M. Flat pearls from biofabrication of organized composites on inorganic substrates. Nature, 1994, 371 (6492) :49-51.

[14] GB/T 16554—2017.

[15] GB/T 16552—2017.

[16] GB/T 16553—2017.

[17] GB/T 18781—2008.

[18] Gem Trade Lab Notes. Gems & Gemmology, 1990, 27 (1) :97.

[19] Gutmannsbauer W, Hanni H A. Structural and chemical investigations on shells and pearls of nacre forming salt-and fresh-water bivalve mollusks. The Journal of Gemmology 1994,24 (4) : 241-252.

[20] Han H, Larson W, Cole J E. Melo "Pearls" from Myanmar. Gems & Gemology 2006, 42 (3) : 135.

[21] Hahn H. River pearls from Bavaria and Bohemia. The Journal of Gemmology 1996, 25 (1) :45-50.

[22] Xie H, Li L P. An Overview of China's Pearl. Industry Australian Gemmologist, 2001, 21:120-123.

[23] Huang F M, Chen Z H, Tong H, et al. The microstruture of the shell and cultured blister pearls of Pteria Penguin from Sanya, Hainan, China. The Journal of Gemmology, 1994, 29 (1) :37-47.

[24] James L.Peach Freshwater Pearls:New Millennium-New Pearl Order. Gems & Gemology, 1999,36 (3) :75.

[25] Cuif J-P, Dauphin Y, Stoppa C, et al. Shape, Structure and Colours of Polynesian Pearls. Australian Gemmologist, 1996,19:205-209.

[26] Hanano J, Wildman M, Yurkiewicz P G. Majorica Imitation Pearls. Gems & Gemology, 1990,27 (3) :178-188.

[27] Scarratt K, Hanni H A. Pearls from the Lion's Paw Scallop. The Journal of Gemmology, 2004, 29 (4) :193-203.

[28] Scarratt K, Moses T M, Akamatsu S. Characteristics of nuclei in Chinese freshwater cultured pearls. Gems & Gemology, 2000, 37 (2) :114-123.

[29] Nassau K. Gemstone Enhancement. Oxford:Butterworth-Heinemann Ltd, 1994: 170-174.

[30] Li G. Cultivation and Market of Chinese Freshwater Cultured Pearls. GIT 2016 Proceeding: 330.

[31] Li L P, Chen Z H. Cultured pearl and colour-changed cultured pearl:Raman spectra. The Journal of Gemmology, 2001, 27 (8) :449-455.

[32] Kiefert L, Mclaurin D M, Arizmendi E, et al. Cultured Pearls From The Gulf of California,Mexico. Gems & Gemology, 2004,40 (1) :26-38.

[33] Pedersen M C. Gem And Ornamental Material Of Organic Origin, Burlington: Butterworth-Heinemann publication, 2004.

[34] McConnell J D C. Vaterite from Ballycraigy, Larne Northern Ireland. Mineralogical Magazine, 1960,32:535-544.

[35] McCauley J W, Roy R. Controlled nucleation and crystal growth vatious $CaCO_3$ Phase by the Silica Gel-method. American Mineralogist, 1974, 59:947-963.

[36] Mahoof M. The Pearl Fisheries of Sri Lanka Some chapters from a forgotten history. Australian Gemmologist, 1997,19:405-412.

[37] Hutchins P. Culturing Abalone Half-pearl. Australian Gemmologist, 2003, 22:10-20.

[38] Long P V, Giuliani G, Garnier V. Gemstones in Vietnam Australian Gemmologist, 2004,22:162-168.

[39] Brunson R J,Chaback J J. Vaterite formation during coal liquefaction. Chemical Geology, 1979,25:333-338.

[40] Wan R. The Tahitian Cultured Pearl: Past, Present, and Future. Gems & Gemology, 2000,36 (3) :76.

[41] Schaffer T E,Zanetti C I,Proksch R. Does abalone nacre formed by hetereoepitaxial nucleation or by growth through mmineral bridge? Chem Mater, 1997 (9) :1731-1735.

[42] Schwarz A,Eckart D ,Connell J, et al. Growth of vaterite and Calcite Crystal in Gels. Mat Res Bull, 1971 (6) :1341-1344.

[43] Elen S. Spectral reflectance and fluorescence characteristics of natural-color and heat-treated "golden" south sea cultured pearls. Gems & Gemolgy, 2001, 38 (2) : 98-109.

[44] Akamatsu S. The Present and Future of Akoya Cultured Pearls, Gems & Gemology, 1999,36 (3): 73-74.

[45] Akamatsu S, Zansheng L T,Moses T M, et al. The current status of Chinese freshwater cultured pearls. Gems & Gemology, 2001 (2) :96-113.

[46] Saito S, Tasumi M, Eugstr C H. Resonance Raman spectra (5800-0cm^{-1}) of all transand 15 cisisomer β carotene in the solid in tate and of solution measurement with various laser line from ultraiolet to red. J. Raman Spectras, 1983,14 (5) :299-300.

[47] Kennedy S J, Akamatsu S, Iwahashi Y. The Hope Pearl. The Journal of Gemmology, 1994,24 (4) :235-239.

[48] Kennedy S J. Pearls Identification.Australian Gemmologist 1998,20:2-19.

[49] Kennedy S J. Notes from the Laboratory.The Journal of Gemmology 2001,27 (5): 265-274.

[50] Tun T. A Brief Account of Myanmar's Pearl Culture Industry. Australian Gemmologist, 1995,18:2-4.

[51] Winanto T, Mintardjo K. The Status of Pearl Culture in Indonesia. Australian Gemmologist, 1996, 19:245-249.

[52] Tan T L, Tay T S, Khairoman S K. Identification of an Imitation of Pearl by FTIR, EDXRF and SEM. The Journal of Gemmology, 2005,29 (1) :37-47.

[53] Mckenzie L.The Empress Pearl-A New Zealand Cultured Half-Pearl. Australian Gemmologist, 1996,19:336-338.

[54] Urmos J. Characterization of some biogenic carbonates with Raman spectroscopy. American Mineralogist, 1991,76:641-646.

[55] Wada K.Spectral characteristics of pearls. Journal of the Gemmological Socity of Japan, 1983,10 (4) : 95-103.

[56] Wada K, Fujinuki T. Factors controlling the amounts of minor elements in pearls. Journal of the Gemmological Socity of Japan, 1988,13: 3-12.

[57] Weiner S, Traub W. Macromoleculesin mollusc shells and their function in biominerallization.

SoctLond: PhilTrans, 1984,304:425-434.

[58] www.wikipadia.org.

[59] Yasunori Mastsudu Effect of γ-irradiation on Color and fluorescence of Pearls. Japan Journal of Applied Physics, 1988, 27 (2) :235-239.

[60] Liu Y, Shigley J and Hurwit K N. Iridescence colour of a shell of the mollusk Pinctada margatitifear caused by diffraction. Optics Express 1999,4 (5) : 177-182.

[61] Liu Y, Hurwit K N, Tian D L. Relationship between the Groove Density oof the Grating structure and the Strength of Iridescence in Mollusc Shells. Australian Gemmologist, 1999,21:405-407.

[62] Zhang H, Zhang B L. Pearl Resources of China. Australian Gemmologist, 2001, 22: 196-209.

[63] 北京大学地质学系岩矿教研室. 光性矿物学. 北京：地质出版社，1979.

[64] 曹颖春，等. 矿物红外光谱图谱. 北京：科学出版社，1982.

[65] 崔福斋，冯庆玲. 生物材料学. 北京：科学出版社，1996.

[66] 戴永定. 生物矿物学. 北京：石油工业出版社，1994.

[67] 戴永定，刘铁兵，沈继英. 生物成矿作用与生物矿化作用. 古生物学报，33（5）：575-592.

[68] 邓燕华，袁奎荣. 控制我国珍珠质量的因素. 桂林工学院学报，2001，21（1）：6-12.

[69] 法默VC. 矿物的红外光谱. 北京：科学出版社，1982.

[70] 房笑淳，陈迎斌. 不同产地琥珀有机元素组成及光谱学特征. 岩石矿物学杂志，2014（S2）:107-110.

[71] 高蓝，李浩明. 辣椒类胡萝卜素在加工与贮存中的变化. 中国食品添加剂，1995（2）：10-13.

[72] 高岩，张蓓莉. 淡水养殖珍珠的颜色与拉曼光谱的关系. 宝石和宝石学，2001，3（3）：17-20.

[73] 古练权. 生物化学. 北京：高等教育出版社，2002.

[74] 郭守国. 珍珠——成功与华贵的象征. 上海：上海文化出版社，2004.

[75] 郭涛. 中国珍珠——养殖与贸易. APEC珠宝首饰贸易与技术研讨会，2001.

[76] 何良，麦康森. 贝类生物矿化生物大分子与分子识别. 生物化学与分子生物物理进展，1999（4）:310-312.

[77] 何雪梅，吕林素，张蕴韬. 珍珠中的金属卟啉及其致色机理探讨.矿物岩石地球化学通报，2007，26（S1）：96-98.

[78] 胡虹. 软体动物贝壳中的有机基质与贝壳的生物矿化. 苏研科技，2005（1）：18-19.

[79] 姜国良，陈丽，刘云. 贝壳有机基质与生物矿化. 海洋科学，2002，26（2）：16-18.

[80] 姜在兴，沉积学. 北京：石油工业出版社，2003.

[81] 孔蓓，邹进福，陈积光. 广西防城海水养殖珍珠的内部结构特征、类型及成因. 桂林工学院学报 2002，22（2）：119-122.

[82] 李耿，蔡克勤. 珍珠首饰的设计潮流. 中国宝石，2005，14（3）：166-167.

[83] 李耿，余晓艳. 养殖珍珠的辐照处理与宝石学特征// 第一届广西青年地质会议选集，2006.

［84］李耿，余晓艳，蔡克勤. 处理改色黑珍珠的技术方法及其鉴别. 中国宝石，2006，15（1）:62-63.

［85］李耿，余晓艳，蔡克勤. 四种黑色珍珠的特征. 桂林工学院学报，2006，26（2）: 184-186.

［86］李耿，蔡克勤，余晓艳. 养殖珍珠的辐照改色与鉴定特征. 矿物岩石地球化学通报，2007，26（Z1）: 184-186.

［87］李耿. 浙江诸暨淡水养殖珍珠的宝石学和优化处理研究. 北京: 中国地质大学（北京），2007.

［88］李耿，林瓴，沙拿利. 淡水养殖珍珠的光泽与颜色关系初探. 桂林工学院学报，2007，27（4）: 569-571.

［89］李耿，蔡克勤，余晓艳. 阴极发光技术在养殖珍珠研究中的应用. 桂林工学院学报，2008，28（4）: 545-547.

［90］李耿，曾明，柴萌. 淡水有核珍珠的鉴定特征//珠宝与科技-中国珠宝首饰交流会论文集. 北京: 地质出版社，2011: 97-100.

［91］李耿，陈沛如，蒋志伟. 玉石的和谐文化初解. 中国宝玉石，2011（02）: 158-159.

［92］李耿，陈佩如，吕丽欢. 珠宝首饰日常佩戴的安全性因素. 中国宝玉石，2011（01）: 76.

［93］李耿，曾明，刘燕. 黑色处理珍珠的拉曼光谱特征研究. 岩石矿物学杂志. 2014（S1）: 153-156.

［94］李耿. 宝玉石鉴定与评价. 北京: 化学工业出版社，2016.

［95］李恒德，崔福斋，冯庆玲. 材料仿生制备新进展//94秋季中国材料研讨会会议论文集，第Ⅳ卷. 北京: 化学工业出版社，1995:531.

［96］李立平. 中国养殖珍珠的结构、组成及改色研究. 武汉: 中国地质大学（武汉），2001.

［97］李立平. 带染色核海水养殖珍珠的鉴别. 宝石和宝石学杂志，2002，4（2）: 79.

［98］李平，方竹. 琥珀与仿琥珀塑料的放大检查. 宝石和宝石学杂志，2009（04）: 28-30，60.

［99］李圣清，祖恩东，孙一丹. 犀牛角及其替代品的红外光谱分析. 光谱实验室，2011，28（6）: 3186-3189.

［100］刘晓亮，陈熙皓. 琥珀及其仿制品的宝石学鉴定特征. 大众标准化，2015（01）: 74-77.

［101］马红艳，戴塔根，袁奎荣，等. 浙江雷甸淡水无光珠中球文石的首次确认. 矿物学报，2001，21（3）: 153-156.

［102］马家星. 琥珀与其仿制品的鉴定特征研究. 超硬材料工程，2007（05）: 54-59.

［103］木士春，马红艳. 养殖珍珠微量元素特征及其对珍珠生长环境的指示意义. 矿物学报 2001，21（3）: 551-553.

［104］欧阳健明，周娜. 脂质体中生物矿化的研究进展.人工晶体学报，2004，33（6）: 888-904.

［105］欧阳健明. 生物矿物及其矿化过程. 化学进展，2005，17（4）: 749-756.

［106］欧阳妙星，岳素伟，高孔. 琥珀及其仿制品的鉴定. 宝石和宝石学杂志，2016（01）: 24-34.

［107］潘炳炎，文仲芬. 优质淡水珍珠的养殖及加工. 水产科技情报，2001，28（5）: 204-206.

［108］潘兆橹. 结晶学及矿物学. 北京: 地质出版社，1994.

［109］彭国祯，朱莉. 多米尼加琥珀. 宝石和宝石学杂志，2006（03）: 32-35.

［110］彭苏萍，丁述理，王贤君. 罕见矿物——六方球方解石的发现及特征. 矿物学报，2003，23（1）: 45-50.

［111］彭文世，刘高魁. 矿物红外光谱图集. 北京：科学出版社，1982：146-149.

［112］钱银龙. 我国珍珠生产现状. 现代渔业信息，1997，13（4）：17.

［113］强亦忠，张春华. 简明放射化学教程. 北京：原子能出版社，1989.

［114］饶之帆，谢劼，董鹏. 琥珀、柯巴树脂、松香的光谱学特征. 光谱实验室，2013（02）：720-724.

［115］申玉田，朱静. 蚌壳的层次结构与生物矿化机制. 电子显微学报，24（4）：398-398.

［116］沈海光. 中国现代养殖珍珠大事记. 湛江海洋大学学报，1996，18（1）：4-43.

［117］史凌云，郭守国. 珍珠组成与结构研究. 华东理工大学学报，2001，27（2）：205-210.

［118］宋慧春，项苏留，范雁. 淡水无核珍珠壳角蛋白的酶解及其色氨酸分析. 苏州大学学报（自然科学），1998，14（4）：66-70.

［119］宋中华，喻学惠，章西焕. 养殖珍珠质量影响因素分析. 宝石和宝石学杂志，2001，3（1）：18-21.

［120］宋志敏. 阴极发光地质学基础. 北京：中国地质大学出版社，1993.

［121］唐焕章，陈建庭. 珍珠层在骨替代材料方面的研究进展，中国临床康复，2002，6（24）：3692-3693.

［122］陶靖，徐怡庄，翁诗甫. 珍珠和贝壳珍珠层的傅里叶变换红外光谱研究. 光谱学与光谱分析，1999，18（3）：307-310.

［123］邢莹莹，亓利剑，麦义城，等. 不同产地琥珀FTIR和^{13}C NMR谱学表征及意义. 宝石和宝石学杂志，2015，2：8-16.

［124］王海滨，任丹丹，刘良忠. 菹草红色类胡萝卜素的拉曼光谱特性研究. 水生生物学报，2004，28（4）：380-384.

［125］王丽华，匡永红，孔蓓. 海水养殖珍珠物相组成的红外光谱研究. 桂林工学院学报，2000，20（S1）：31-34.

［126］王丽华，周佩玲，刘琰. 利用FTIR对海水养殖珍珠中磷的存在形式的研究初探. 光谱学与光谱分析，2005，25（6）：866-869.

［127］王濮，潘兆橹，翁玲宝. 系统矿物学. 北京：地质出版社，1987：344-375.

［128］王雅玫，杨明星，酉婷婷. 压制琥珀的新认识. 宝石和宝石学杂志，2012，1：38-45.

［129］王雅玫，杨明星，杨一萍，等. 鉴定热处理琥珀的关键证据. 宝石和宝石学杂志，2010，4：25-30.

［130］王雅玫，杨一萍，杨明星. 琥珀优化工艺实验研究. 宝石和宝石学杂志，2010（01）：6-11.

［131］王雅玫，杨明星，牛盼. 不同产地琥珀有机元素组成及变化规律研究. 宝石和宝石学杂志，2014，2：10-16.

［132］王妍，施光海，师伟，等. 三大产地（波罗的海、多米尼加和缅甸）琥珀红外光谱鉴别特征. 光谱学与光谱分析，2015，08：2164-2169.

［133］王瑛，蒋伟忠，陈小英，等. 琥珀及其仿制品的宝石学和红外光谱特征. 上海地质，2010，02：58-62.

［134］王英华，张绍平，潘荣胜. 阴极发光技术在地质学中的应用. 北京：地质出版社，1990.

［135］闻辂. 矿物的红外光谱学. 重庆：重庆科学出版社，1988.

［136］吴瑞华. 天然宝石的改善及鉴定方法. 北京：地质出版社，1993.

［137］杨明月，郭守国，史凌云. 淡水养殖珍珠的化学成分与呈色机理研究. 宝石和宝石学杂志，2004，6（2）：10-13.

［138］杨一萍，王雅玫. 琥珀与柯巴树脂的有机成分及其谱学特征综述. 宝石和宝石学杂志，2010，01：16-22.

［139］徐寿昌. 有机化学. 北京：高等教育出版社，1993.

［140］张蓓莉. 系统宝石学. 第2版. 北京：地质出版社，2006.

［141］张蓓莉，高岩，杨军涛. 黑色珍珠发光光谱测量研究. 中国宝石，2000，2：111-113.

［142］张刚生，郝玉兰. 淡水养殖珍珠表面瓷质层的微形貌特征. 宝石和宝石学杂志，2004，6（1）：1-3.

［143］张刚生，李浩璇. 淡水养殖珍珠的矿物组成特征. 岩石矿物学杂志，2004，2（1）：89-93.

［144］张刚生，谢先德. $CaCO_3$生物矿化的研究进展——有机质的控制作用. 地球科学进展，2000，15（2）：204-209.

［145］张刚生，谢先德，王英. 三角帆蚌贝壳珍珠层中类胡萝卜素的激光拉曼光谱研究. 矿物学报，21（3）：389-391.

［146］张辉，张蓓莉. 中国的养殖珍珠资源及市场. 宝石和宝石学杂志，2004，6（4）：14-18.

［147］张妮，郭继春，张学云. 珍珠表面微形貌的AFM和SEM研究. 岩石矿物学杂志，2004，23（4）：370-374.

［148］张文兵，麦康森，谭北平. 缺磷对皱纹盘鲍贝生物矿化的影响. 高技术通讯，2002（09）：56-64.

［149］张勇，肖锐，凌立. 珍珠质水溶性基质蛋白的分离纯化及其对碳酸钙结晶的影响. 海洋科学，28（1）：33-42.

［150］郑笑为，张继，马双成. 中药材珍珠的X衍射Fourier谱研究. 药物分析杂志，1998（4）：246-251.

［151］招博文，亓利剑，邢国燕，等. 盔犀鸟头胄工艺品的宝石学及谱学特征. 宝石和宝石学杂志，2014，16（1）：1-9.

［152］周佩玲. 有机宝石与投资指南. 武汉：中国地质大学出版社，1995.

［153］朱莉，王旭光，罗理婷. 再造琥珀的宝石学鉴定特征. 超硬材料工程，2009（06）：48-53.

［154］朱莉，邢莹莹. 琥珀及其常见仿制品的红外吸收光谱特征. 宝石和宝石学杂志，2008（01）：33-36.

［155］宗普，薛进庄，唐宾. 追溯最古老的琥珀——树脂植物的起源与演化. 岩石矿物学杂志，2014（S2）：111-116.

［156］邹进福，孔蓓，邓燕华. 广西合浦养殖珍珠的宝石学特征. 广西科学，3（2）：37-41.